工程造价案例分析
(第 3 版)

王春梅　主　编

张瑶瑶　杨晓青　副主编

清华大学出版社

北　京

内 容 简 介

本教材是根据建设类专业人才培养方案，结合"三教改革、1+X 证书、课证整合"的职教教学改革进行编写的。将造价师考试内容融入课程之中，在教材编审中，充分吸收了最新颁布的有关工程造价管理的法规、规章、政策，力求体现行业最新发展水平。本书共 6 章和 1 个附录，主要内容包括建设项目财务评价、建设工程设计、施工方案技术经济分析，建设工程计量与计价，建设工程施工招标与投标，建设工程合同管理与工程索赔，工程价款结算与竣工决算及案例分析模拟试题等。

本书内容通俗易懂、实用性强，紧扣工程造价理论与实践，并附有大量的例题。本书尽量体现"新""精"，在内容组织上以"必需、实用和够用"为原则，简化理论推导过程，注重实用性。

本书可作为高等职业技术学院和应用技术学院建筑工程、工程造价等专业教材，也可作为成人高等教育、自学考试、注册考试教材，还可作为从事工程造价工作有关人员的学习参考用书。

图书在版编目(CIP)数据

工程造价案例分析/王春梅主编. —3 版. —北京：清华大学出版社，2021.4（2024.7 重印）
ISBN 978-7-302-57033-2

Ⅰ.①工…　Ⅱ.①王…　Ⅲ.①建筑造价管理—案例　Ⅳ.①TU723.3

中国版本图书馆 CIP 数据核字(2020)第 238044 号

责任编辑： 石　伟　桑任松
装帧设计： 刘孝琼
责任校对： 李玉茹
责任印制： 曹婉颖
出版发行： 清华大学出版社
　　　　　网　　址：https://www.tup.com.cn, https://www.wqxuetang.com
　　　　　地　　址：北京清华大学学研大厦 A 座　　　邮　　编：100084
　　　　　社 总 机：010-83470000　　　　　　　　邮　　购：010-62786544
　　　　　投稿与读者服务：010-62776969, c-service@tup.tsinghua.edu.cn
　　　　　质量反馈：010-62772015, zhiliang@tup.tsinghua.edu.cn
　　　　　课件下载： https://www.tup.com.cn, 010-83470236
印 装 者： 三河市龙大印装有限公司
经　销： 全国新华书店
开　本： 185mm×260mm　　　**印　张：** 13.75　　　**字　数：** 334 千字
版　次： 2010 年 1 月第 1 版　2021 年 5 月第 3 版　**印　次：** 2024 年 7 月第 5 次印刷
定　价： 39.00 元

产品编号：085460-01

前　言

近年来，高等职业教育取得了快速的发展。作为我国高等教育体系的重要组成部分，高等职业教育的根本任务是从市场实际出发，坚持以就业为导向，以全面素质为基础，以职业能力为本位，加强面向市场的实用内容教学，努力培养适应现在和未来的生产和建设、管理和服务第一线迫切需要的高素质应用技能型人才。因此，高职建筑工程类教材的编制应紧跟时代步伐，及时准确地反映国家现行相关法律、法规、规范和标准等。另外，必须突出理论为应用服务的特点，理论以"必需和够用"为度，加强理论联系实际。

本书结合编者多年的实践工作经验和理论教学经验，紧密追踪专业发展方向，突出实用性和针对性，着眼于实际应用能力的培养。全书共6章及1个附录，各章内容如下。

第1章主要介绍建设项目的投资估算及建设项目的财务评价方法；第2章主要介绍建设工程设计、施工方案技术经济分析；第3章主要介绍定额计价与清单计价，以及定额的分类、清单的编制与计价；第4章主要介绍建设工程的招标与投标；第5章主要介绍建设工程的合同管理与施工索赔；第6章主要介绍工程结算的程序、方法及价款的确定；附录为案例分析模拟试题。

本书可作为高职高专院校工程造价专业、建筑工程专业、工程监理专业或其他相关专业的教学用书，也可作为岗位培训教材、自学考试、注册考试用书。

本书由河北工业职业技术学院王春梅任主编，河北工业职业技术学院张瑶瑶、杨晓青任副主编，其中第1、2章由张瑶瑶编写，第3、4章由王春梅编写，第5、6章由杨晓青编写。模拟题由河北工业职业技术学院张伟编写。

由于编者水平有限，书中难免有疏漏和不妥之处，敬请广大读者批评、指正。

编　者

目　　录

绪 论

工程建设活动是一项环节多、受多因素影响、涉及面广的复杂活动。建设项目产品的形成，一般都要经过方案前期的规划、决策、方案的初步设计和扩大初步设计、施工图设计、招标与投标、工程施工和竣工决算等阶段。而每个阶段都会涉及工程造价的内容，所以工程造价案例的范围应包括以上各个阶段。

一、工程造价的内容

按不同的建设阶段，工程造价具有不同的形式。

1. 投资估算

投资估算是指在投资决策过程中，建设单位或建设单位委托的咨询机构根据现有的资料，采用一定的方法，对建设项目未来发生的全部费用进行预测和估算。

2. 设计概算

设计概算是指在初步设计阶段，在投资估算的控制下，由设计单位根据初步设计或扩大设计图纸及说明、概预算定额、设备材料价格等资料，编制确定的建设项目从筹建到竣工交付生产或使用所需全部费用的经济文件。

3. 修正概算

在技术设计阶段，随着对建设规模、结构性质、设备类型等方面进行修改、变动，初步设计概算也做相应调整，即为修正概算。

4. 施工图预算

施工图预算是指在施工图设计完成后，工程开工前，根据预算定额、费用文件计算确定建设费用的经济文件。

5. 工程结算

工程结算是指承包商按照合同约定，向建设单位办理已完工程价款的清算文件。

6. 竣工决算

建设工程竣工决算是由建设单位编制的反映建设项目实际造价文件和投资效果的文件，是竣工验收报告的重要组成部分，是基本建设项目经济效果的全面反映，是核定新增固定资产价值、办理其交付使用的依据。

二、工程造价案例的范围

1. 建设项目决策阶段

在建设项目决策阶段，与工程造价有关的主要内容是建设项目可行性研究，主要方法是投资估算和财务评价。在这一阶段应该掌握投资估算和财务评价的基本概念、基本方法，对投资估算案例、财务评价案例进行分析和研究。

2. 建设项目设计阶段

在建设项目设计阶段，主要是对设计方案进行技术经济评价。正确地运用评价方法、准确地计算经济效果评价指标是技术方案优选的基础。通过计算费用法、综合评分法、价值工程法、盈亏平衡法、资金的时间价值对方案的分析方法、网络进度计划法、决策树法等来对设计方案进行评价优选。

3. 建设工程招标与投标阶段

建设工程招标与投标阶段，工程造价人员需要掌握很多知识，具体包括如何进行招标，如何按招标要求进行投标，了解招投标的程序，掌握标底的编制方法、投标报价的技巧及报价策略，会编制工程量清单以及进行清单计价。

4. 建设项目的实施阶段

建设项目的实施阶段主要是施工单位根据施工图纸、预算定额、企业定额进行工程造价的控制，如何优化施工方案、优化施工进度计划就成为该阶段的重要内容。

5. 建设工程竣工验收阶段

在工程实施阶段，会产生工程索赔和有关合同管理方面的问题，这些问题都会反映在工程价款的结算上，因此要掌握索赔的条件，掌握工程变更价款的确定、合同中的各项条款，掌握工程价款的结算方式，并能对工程结算进行审核，以便更好地控制工程成本。该部分案例主要是工程索赔及合同的执行情况。

要想成为一名合格的造价人员，必须掌握建设项目各个阶段的造价控制。

三、"工程造价案例分析"课程与其他课程的联系

"工程造价案例分析"课程是一门综合性很强的课程，要学习该课程必须先学好其他相关课程。

在学习该课程之前，必须具备"建筑工程制图与识图""房屋建筑构造"等涉及工程图的知识；为了进行施工方案的优化，必须具备"建筑施工技术"和"施工组织"课程的知识；为了编制标底或投标报价，进行工程索赔，必须具备"建筑工程定额与预算""建筑工程招标与投标""项目管理""工程造价的确定与控制""建筑工程经济与企业管理"等课程的知识；同时也要掌握"建筑材料""建筑结构"等方面的知识。

第 1 章　建设项目财务评价

本章学习要求和目标

➢ 建设项目投资构成与投资估算的方法。

➢ 建设项目财务评价中基本报表的编制。

➢ 建设项目财务评价指标的分类。

➢ 建设项目财务评价静态、动态分析的基本方法。

➢ 建设项目评价中的不确定分析。

1.1 投 资 估 算

1.1.1 投资估算概述

投资估算是指对建设项目的投资数额所进行的大概估计，即一个项目从开始研究时投资额的估算，直至初步设计时的设计概算及施工图设计阶段甚至施工阶段的预算都可以纳入投资估算的范畴。

目前，投资估算一般专指项目投资的前期决策过程中对项目投资额的估计。在估算的过程中必须依据现有的资料和一定的科学方法，并力求做到准确、全面，为建设项目决策提供重要依据，避免决策的失误。

1.1.2 投资估算的内容

投资估算主要是计算建设项目的总投资。建设项目总投资的构成如图 1-1 所示。

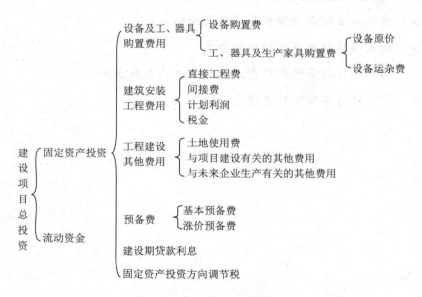

图 1-1 建设项目总投资的构成

投资估算的费用内容根据分析角度的不同，可有不同的划分。

1. 从体现建设项目投资规模的角度分类

投资估算可分为固定资产投资估算和流动资产投资估算。

（1）固定资产投资估算的费用内容为建筑安装工程费用、设备及工器具购置费、工程建设其他费用、预备费、建设期贷款利息以及固定资产投资方向调节税等。

(2)　流动资金是指生产经营性项目投产后，用于购买原材料、燃料，支付工资及其他经营费用等所需的周转资金。流动资金的概念，实际上就是财务中的营运资金，含铺底流动资金 30%。

2. 从体现资金的时间价值的角度分类

从体现资金的时间价值的角度，可将投资估算分为静态投资和动态投资。

(1)　静态投资是指不考虑资金的时间价值的投资部分，包括建筑安装工程费用，设备及工、器具购置费，工程建设其他费用中的静态部分(不涉及时间变化因素的部分)，以及预备费中的基本预备费(不是全部的预备费，不包括预备费中的涨价预备费)。

(2)　动态投资包括工程建设其他投资中涉及价格、利率等时间动态因素的部分，如预备费中的涨价预备费、建设期贷款利息以及固定资产投资方向调节税。

1.1.3　投资估算的编制方法

投资估算的编制方法很多，有的适用于整个项目的投资估算，有的适用于生产装置的投资估算，方法不同，精度也有所不同。为提高投资估算的科学性和精确性，应按项目的性质、技术资料和数据的具体情况，有针对性地选择适用的方法。

投资估算的编制一般分为静态投资估算的编制和动态投资估算的编制。

1. 静态投资估算的编制方法

1)　单位生产能力估算法

采用单位生产能力估算法，依据调查的统计资料，利用相近规模的单位生产能力投资乘以建设规模，即得拟建项目投资。其计算公式为

拟建项目投资额=已建类似项目生产能力×拟建项目的生产能力×综合调整系数

综合调整系数是指不同时期、不同地点的定额、单价、费用变更等的综合调整系数。

2)　生产能力指数法

生产能力指数法是一种根据已建类似项目的投资额和生产能力及拟建项目的生产能力估算拟建项目的投资额的方法。它要求资料可靠，条件基本相同。其计算公式见式(1-1)。

$$C_2 = C_1 \left(\frac{A_2}{A_1} \right)^n \cdot f \tag{1-1}$$

式中：C_1、C_2 ——已建类似项目或装置和拟建项目或装置的投资额；

　　　A_1、A_2 ——已建类似项目或装置和拟建项目或装置的生产能力；

　　　f ——不同时期、不同地点的定额、单价、费用变更等综合调整系数；

　　　n ——生产能力指数，$0 \leqslant n \leqslant 1$。

若已建类似项目或装置的规模和拟建项目或装置的规模相差不大，生产规模比值在 $0.5 \sim 2$，则指数 n 近似取 1。

若已建类似项目或装置的规模和拟建项目或装置的规模相差不大于 50 倍，且拟建项目的扩大仅靠增大设备规格来达到目的时，n 取值在 0.6～0.7；若是靠增加相同规格设备数量来达到目的时，则 n 取值在 0.8～0.9。

这种估价方法不需要详细的工程设计资料，知道工艺流程及规模即可；对于总承包工程而言，可作为估价的旁证。在总承包工程报价时，承包商大都采用这种方法估价。

3) 系数估算法

系数估算法也称为因子估算法，它是以拟建项目的主体工程费或主要设备费为基数，以其他工程费占主体工程费的百分比为系数估算项目总投资的方法，一般用于项目建议书阶段。系数估算法的种类很多，下面介绍几种主要的类型。

(1) 设备系数法。该方法是以拟建项目的设备费为基数，根据已建成的同类项目的建筑安装费和其他工程费等占设备价值的百分比，求出拟建项目建筑安装工程费和其他工程费，进而求出建设项目总投资。

拟建项目投资额的计算公式见式(1-2)。

$$C=E \cdot (1+f_1 p_1+f_2 p_2+f_3 p_3+\cdots)+I \tag{1-2}$$

式中：E——拟建项目设备费；

p_1、p_2、p_3、$\cdots$——已建项目中建筑安装费及其他工程费等占设备费的比重；

f_1、f_2、f_3、$\cdots$——由于时间因素引起的定额、价格、费用标准等变化的综合调整系数；

I——拟建项目的其他费用。

(2) 主体专业系数法。该方法是以拟建项目中投资比重较大，并与生产能力直接相关的工艺设备投资为基数，根据已建同类项目的有关统计资料，计算出拟建项目各专业工程(总图、土建、采暖、给排水、管道、电气、自控等)占工艺设备投资的百分比，据以求出拟建项目各专业投资，然后加总即为项目总投资。其计算公式见式(1-3)。

$$C=E \cdot (1+f_1 p_1+f_2 p_2+f_3 p_3+\cdots)+I \tag{1-3}$$

式中：p_1、p_2、p_3、$\cdots$——已建项目中各专业工程费用占设备费的比重；

其他符号同前。

(3) 朗格系数法。该方法是以设备费为基数，乘以适当系数来推算项目的建设费用。方法简单但精度不高。其公式见式(1-4)。

投资额=主要设备费用×(1+$\sum$管道、仪表、建筑等在内的各项费用的估算系数)

×包括间接费等在内的总估算系数 $\tag{1-4}$

(4) 指标估算法。该方法是根据编制的各种具体的投资估算指标，进行单位工程投资的估算。投资估算指标形式很多，如元/m²、元/m³、元/kVA 等，分别与单位面积法、单位体积法、单位容量法等相对应。根据投资估算指标，用其乘以所需建筑的面积、体积、容量，即可得到相应的单位工程的投资额。汇总后另外再估算工程建设其他费用及预备费，即求得所需的投资。

对于房屋、建筑物等投资的估算，经常采用指标估算法。

需要注意的是，静态投资的估算要按某一确定的时间来进行，一般以开工的前一年为基准年，以这一年的价格为依据计算，否则就会失去基准作用，影响投资估算的准确性。

2. 动态投资估算的编制方法

动态投资估算主要包括涨价预备费和建设期贷款利息的估算两个内容。

(1) 涨价预备费 p 的估算公式见式(1-5)。

$$p = \sum_{t=1}^{n} I_t \left[(1+f)^m (1+f)^{0.5} (1+f)^{t-1} - 1 \right] \tag{1-5}$$

式中：I_t——建设期中第 t 年的投资计划额(可根据建设项目资金使用计划表得出)；

$\quad\quad f$——年平均价格预计上涨率(可根据工程造价指数信息的累计分析得出)；

$\quad\quad m$——建设前期年限(从编制估算到开工建设)；

$\quad\quad n$——建设期年份数。

(2) 建设期贷款利息的计算，按年计算，其计算公式见式(1-6)。

$$q_j = \left(p_{j-1} + \frac{1}{2} A_j \right) \cdot i \tag{1-6}$$

式中：q_j——建设期第 j 年应计利息；

$\quad\quad p_{j-1}$——建设期第 $j-1$ 年贷款累计金额与利息累计金额之和；

$\quad\quad A_j$——建设期第 j 年贷款金额；

$\quad\quad i$——年利率。

3. 进口设备购置费估算

1) 进口设备抵岸价的计算

进口设备抵岸价的计算公式见式(1-7)。

进口设备抵岸价=进口设备货价+国际运费+运输保险费+银行财务费+外贸手续费+
$$\text{进口关税+增值税+消费税+海关监管手续费+车辆购置附加费} \tag{1-7}$$

(1) 进口设备货价。进口设备货价通过向有关生产厂商询价、报价以及订货合同价计算，一般指装运港船上交货价(离岸价)FOB。

(2) 国际运费。国际运费即从装运港(站)到达我国抵达港(站)的运费。其计算公式见式(1-8)。

$$\text{国际运费=离岸价(FOB 价)×运费率} \tag{1-8}$$

或 $\quad\quad\quad\quad$ 国际运费=单位运价×运量

(3) 运输保险费。其计算公式见式(1-9)。

$$\text{运输保险费=(离岸价+国际运费)×国外保险费率/(1−保险费率)} \tag{1-9}$$

(4) 进口关税。进口关税是指由海关对进出国境或关境的货物和物品征收的一种税。其计算公式见式(1-10)。

进口关税=(进口设备离岸价+国际运费+运输保险费)×进口关税率　　　(1-10)

(5) 增值税。《中华人民共和国增值税暂行条例》规定，进口应税产品均按组成计税价格和增值税税率直接计算应纳税额。其计算公式见式(1-11)。

增值税额=组成计税价格×增值税税率

组成计税价格=关税完税价格+进口关税+消费税　　　(1-11)

其中，增值税税率根据规定的税率计算，目前进口设备适用税率为17%。

(6) 外贸手续费。外贸手续费指国家有关部门规定的对进口产品征收的费用。其计算公式见式(1-12)。

外贸手续费=(进口设备离岸价(FOB价)+国际运费+运输保险费)×外贸手续费率　(1-12)

(7) 银行财务费。它一般指中国银行手续费。其计算公式见式(1-13)。

银行财务费=进口设备离岸价(FOB价)×银行财务费率　　　(1-13)

(8) 消费税。消费税只对部分高档消费品征收。其计算公式见式(1-14)。

消费税=(到岸价+关税)×消费税率/(1-消费税率)　　　(1-14)

(9) 海关监管手续费。它是指海关对进口减免税、保税设备实施监督和管理，提供服务的手续费。对全额征收关税的货物不收海关监管手续费。其计算公式见式(1-15)。

海关监管手续费=进口设备到岸价×海关监管手续费率　　　(1-15)

(10) 车辆购置附加费。其计算公式见式(1-16)。

车辆购置附加费=(到岸价+关税+消费税+增值税)×车辆购置附加费率　　　(1-16)

2) 国内运杂费

国内运杂费通常由下列各项构成。

(1) 运费和装卸费。

(2) 包装费。

(3) 设备供销部门的手续费。

(4) 采购与仓库保管费。

设备运杂费按设备原价乘以设备运杂费率计算。其计算公式见式(1-17)。

设备运杂费=设备原价×设备运杂费率　　　(1-17)

其中，设备运杂费率按各部门及省、市等的规定计取。

4. 铺底流动资金的估算编制方法

铺底流动资金是保证项目投产后，能正常生产经营所需要的最基本的周转资金数额，是项目总投资中的一个组成部分。其中项目所需的流动资金可通过两种方法估算：扩大指标估算法和分项详细估算法。

流动资金属于长期性(永久性)流动资产，流动资金的筹措可通过长期负债和资本金(一般要求占30%)的方式解决。借款部分按全年计算利息，流动资金利息应计入生产期间财务费用，项目计算期末收回全部流动资金(不含利息)。

1.2　建设项目财务评价概述

1.2.1　建设项目财务评价的概念

工程项目的经济评价是可行性研究的重要组成部分和决策的重要依据。为把有限的资源用于经济效益和社会效益最优的工程项目中，需要通过工程项目的经济评价预先估算拟建项目的经济效益，以避免由于依据不足、盲目决策所导致的失误。工程项目的经济评价包括项目财务评价和国民经济评价。

国民经济评价是指以国家整体角度考察项目的效益和费用。

项目财务评价是根据国家现行财税制度和市场价格体系，从项目的财务角度，分析预测项目直接发生的财务效益和费用，编制财务报表，计算财务评价指标，考察建设项目盈利能力、清偿能力和抗风险能力等财务状况，据以判断项目的财务可行性，为项目投资决策提供科学依据。

1.2.2　项目财务评价的目标

项目财务评价主要是为项目投资决策提供依据。

1. 项目的盈利能力

项目的盈利能力是指项目投资的盈利水平，可从两个方面进行评价：一是项目正常生产年份的企业利润及其占总投资的比率大小，用以考察项目年度投资盈利能力；二是评价项目整个寿命周期内企业的财务收益和总收益率，衡量项目周期内所能达到的实际财务总收益。

2. 项目的偿债能力

项目的偿债能力是指项目按期偿还到期债务的能力，通常表现为借款偿还期。

3. 项目投资的抗风险能力

项目投资的抗风险能力，通过不确定性分析(如盈亏平衡分析、敏感性分析)和风险分析，预测分析客观因素变动对项目盈利能力的影响，检验不确定因素的变动对项目收益、收益率、投资借款偿还期等评价指标的影响程度，考察建设项目投资承受各种投资风险的能力，提高项目投资的可靠性和营利性。

4. 为企业制订资金规划

建设项目的实施需要多少投资、这些资金的可能来源、恰当的筹资方案的选择、适宜的用款计划，这些都是财务评价要解决的问题。为了保证项目所需资金能按时提供，项目经营者、投资者和贷款部门都需知道拟建项目的投资额，并据此安排投资计划。

5. 为协调企业和国家利益提供依据

当项目的财务效果和国民经济效果发生矛盾时，国家要用经济手段进行调节。财务分析可以通过考察价格、税收、利率等有关经济参数变动对分析结果的影响，寻找经济调节方式和幅度，使企业和国家利益趋于一致。对于非盈利或微利项目，如公益性项目和基础性项目，需要通过财务评价确定财政补贴、经济优惠措施或其他弥补定损措施。

1.2.3 项目财务评价的内容和步骤

1. 财务评价的内容

一般应对如下内容进行财务评价。

1) 财务效益和费用的识别和计算

效益和费用是针对特定目标而言的。效益是对目标的贡献；费用是对目标的反贡献，是负效益。企业财务效益和费用都是具体体现在每一个项目上的，因此，正确识别项目的财务效益和费用应以项目为界，以是否属于项目的直接收入和支出为界定标准。项目的财务效益主要表现为生产经营的产品销售收入、各种补贴、固定资产余值和流动资金回收；财务费用主要表现为建设项目的总投资、经营成本、税金等。在计算效益和费用的价值量时，财务评价所采用的价格应以能反映项目产出物和投入物对企业财务的实际货币收支效果为原则选定。因此，所采用的价格应是项目企业财务活动中使用的实际价格，即投入物和产出物的现行价格或计划销售价格。

2) 财务报表的编制

在项目财务效益和费用的识别和计算的基础上，可进行项目财务报表的编制，包括基本报表的编制和辅助报表的编制。基本报表有现金流量表、损益表、资金来源与运用表、资产负债表、财务外汇平衡表等。辅助报表有固定资产投资估算表、流动资金估算表、投资计划与资金筹措表、固定资产折旧费估算表、无形及递延资产摊销估算表、总成本费用估算表、产品销售收入和销售税金及附加估算表、贷款还本付息表等。

3) 财务评价指标的计算和评价

由上述财务报表可计算出各种财务评价指标，如内部收益率、投资回收期、投资利润率、资产负债率、借款偿还期、流动比率、速动比率等。通过与评价标准进行对比分析，即可对项目的盈利能力、清偿能力及外汇平衡等财务状况作出评价，判断项目的财务可行性。

2. 财务评价的步骤

进行财务评价一般应遵循如下步骤。

(1) 熟悉建设项目的基本情况。

(2) 收集、整理和计算有关的基础数据资料与参数。

(3) 根据基础财务数据资料编制各种基本财务报表。

(4) 进行财务评价。

财务评价的流程如图 1-2 所示。

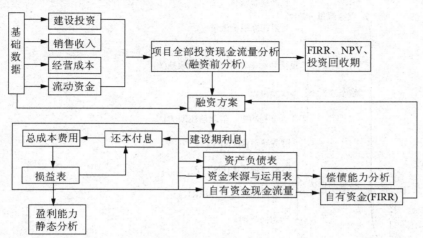

图 1-2 财务评价的流程

1.2.4 项目财务评价方法和指标体系

项目财务评价主要采用现金流量分析、静态和动态营利性分析以及财务报表分析等方法。项目评价的指标体系如图 1-3 所示。

1.2.5 项目财务评价指标的计算与分析

1. 项目盈利能力分析

建设项目财务盈利能力分析主要是考察项目投资的盈利水平，计算财务净现值、财务内部收益率、投资回收期等主要指标。

1) 财务净现值

财务净现值(FNPV)是指按行业的基准收益率或设定的折现率，将项目计算期内各年净现金流量折现到建设期初的现值之和，是考察项目盈利能力的指标。其计算公式见式(1-18)。

$$\text{FNPV} = \sum_{t=1}^{n} (\text{CI} - \text{CO})_t \cdot (1 + i_c)^{-t} \tag{1-18}$$

式中：CI——现金流入量；

　　　CO——现金流出量；

　　　(CI−CO)$_t$——第 t 年的净现金流量；

　　　n——计算期；

i_c——基准收益率或设定折现率。

财务净现值的应用比较简单。如果 FNPV≥0，表明项目在计算期内可获得大于或等于基准收益水平的收益额，则在财务上可考虑接受该项目。

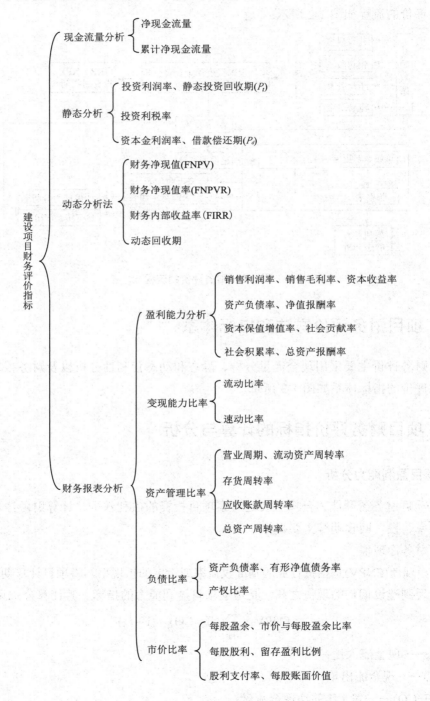

图1-3　项目评价的指标体系

2) 财务内部收益率

财务内部收益率(FIRR)是使项目在整个计算期内各年净现金流量现值累计等于 0 时的折现率，它反映项目所占用资金的盈利率，是考察项目盈利能力的主要动态评价指标。

其计算公式见式(1-19)。

$$\sum_{i=1}^{n}(CI-CO)_t(1+FIRR)^{-t}=0 \tag{1-19}$$

财务内部收益率可根据现金流量表中的净现金流量采用插值法计算求得，在案例分析中，一般是采用列表法进行的。其基本做法如下。

(1) 找到一个 FIRR1，使与其对应的 FNPV1≥0。计算方法是以 FIRR1 为折现率，求出各年的折现系数，根据现金流量表的延长表，计算出各年的净现金流量现值以及累计净现金流量现值，从而得到 FNPVR。

(2) 找到另一个 FIRR2，使与其对应的 FNPV2≤0，并且 FIRR2 与 FIRR1 的差应满足插值范围的要求，即 FIRR2 与 FIRR1 不能相差太大。FIRR2 的计算方法同上。

(3) 利用插值公式即可计算出财务内部收益率(注：利用这种方法计算出的财务内部收益率通常是一个近似值)。

进行财务评价时，将求出的财务内部收益率(FIRR)与给定的行业基准收益率或设定的折现率(i_c)进行比较，若 FIRR≥i_c，则认为项目的盈利能力已满足最低要求，在财务上可以接受。

3) 投资回收期 P_t

投资回收期包括静态投资回收期和动态投资回收期。

静态投资回收期是指以项目的净收益在不考虑资金的时间价值时抵偿全部投资所需的时间，是考察项目财务盈利能力的指标。投资回收期一般以年为单位，从建设开始年算起。动态投资回收期是指在考虑货币时间价值的条件下，以投资项目净现金流量的现值抵偿原始投资现值所需要的全部时间。

动态投资回收期的计算公式见式(1-20)。

动态投资回收期=累计净现金流量现值开始出现正值的年份数-1+

上一年累计净现金流量现值的绝对值/当年净现金流量现值　　(1-20)

2. 项目清偿能力分析

项目清偿能力分析评价是在财务盈利能力分析评价的基础上，根据资金来源与运用表、借款偿还计划表和资产负债表等财务报表，计算借款偿还期以及资产负债率、流动比率和速动比率等评价指标，评价项目借款偿债能力。

1) 借款偿还期

借款偿还期又称固定资产投资国内借款偿还期，是指在国家财政规定及项目具体财务条件下，以项目投产后可用于还款的资金偿还固定资产投资国内借款本金和建设期利息所需要的时间，是反映项目财务清偿能力的指标。其计算公式见式(1-21)。

$$I_d = \sum_{i=1}^{P_d} R_t \qquad (1-21)$$

式中： I_d ——固定资产投资国内借款本金和建设期利息(不包括已用自有资金支付的部分)之和；

      P_d ——固定资产投资国内借款偿还期(从借款开始年计算。若从投产年算起，应注明)；

      R_t ——第 t 年可用于还款的资金，包括利润、折旧、摊销及其他还款资金。

在实际工作中借款偿还期还可以根据财务报表推算，其计算公式见式(1-22)。

$$P_d = 借款偿还后出现盈余的年份数 - 1 + \frac{当年应偿还借款额}{当年可用于还款的收益额} \qquad (1-22)$$

2) 资产负债率

资产负债率是反映项目各年所面临的财务风险程度及偿债能力的指标。其计算公式见式(1-23)。

$$资产负债率 = \frac{负债总额}{资产总额} \times 100\% \qquad (1-23)$$

3) 流动比率

流动比率是反映建设项目到期偿还债务的能力指标。其计算公式见式(1-24)。

$$流动比率 = \frac{流动资产总额}{流动负债总额} \times 100\% \qquad (1-24)$$

4) 速动比率

速动比率是反映建设项目在很短的时间内偿还短期债务能力的指标。其计算公式见式(1-25)。

$$速动比率 = \frac{流动资产 - 存货}{流动负债总额} \times 100\% \qquad (1-25)$$

3. 项目抗风险能力分析

项目抗风险能力分析主要是通过不确定性分析(如盈亏平衡分析、敏感性分析)和风险分析进行评价。

敏感性分析是经济决策中常用的一种不确定性方法，分析项目的现金流动情况发生变化时对项目经济评价指标的影响，从中找出敏感因素及其影响程度，明示风险，为必要的风险防范措施提供依据。

在案例分析中，主要侧重对单因素敏感性分析的考核。

在进行敏感性分析时，每次假定只有单一一个因素是变化的，其他因素均不发生变化，分析这个因素对评价指标的影响程度及其敏感程度。

单因素敏感性分析的做法如下。

(1) 确定敏感性分析的对象，也就是确定要分析的评价指标，往往以净现值、内部收益率或投资回收期为分析对象。

(2) 选择需要分析的不确定性因素。一般取总投资、销售收入或经营成本为影响因素。

(3)　计算各个影响因素对评价指标的影响程度。这一步主要是根据现金流量表进行的，首先计算各影响因素的变化所造成的现金流量的变化，再计算所造成的评价指标的变化。

(4)　确定敏感因素。敏感因素是指对评价指标产生较大影响的因素。具体做法是，分别计算在同一变动幅度下各影响因素对评价指标的影响程度，其中影响程度大的因素就是敏感因素。

(5)　通过分析和计算敏感因素的影响程度，确定项目可能存在的风险大小及风险影响因素。

1.2.6　财务评价的方案

财务评价方案可分为独立型方案和互斥型方案。

1. 独立型方案

独立型方案是指方案间互不干扰、在经济上互不相关的方案，即这些方案是彼此独立无关的，选择或放弃其中一个方案，不影响其他方案的选择。

对独立型方案的评价选择，其实质就是在"做"与"不做"之间进行选择。因此，独立型方案在经济上是否可接受，取决于方案自身的经济性，即方案的经济指标是否达到或超过了预定的评价标准或水平。这种对方案自身的经济性的检验叫作"绝对经济效果检验"。若方案通过了绝对经济效果检验，就认为方案在经济上是可行的。

2. 互斥型方案

互斥型方案又称排他型方案，在若干备选方案中，各个方案彼此可以相互代替，具有排他性，选择其中任何一个方案，则其他方案必然被排斥。

互斥型方案经济评价包含两部分内容。

(1)　考察各个方案自身的经济效果，即进行绝对经济效果检验。

(2)　考察哪个方案相对经济效果最优，即进行相对经济效果检验。

绝对经济效果和相对经济效果通常缺一不可，只有在众多互斥方案中必须选择其一时，才可单独进行相对经济效果检验。

1.3　案例分析

1.3.1　案例 1——项目预备费

1. 背景

某工程在建设期初的建安工程费和设备及工、器具购置费为 45 000 万元，工程建设其他费用为 3860 万元，按本项目实施进度计划，建设期 3 年，投资分年使用比例为：第一年 25%，第二年 55%，第三年 20%，建设期内预计年平均价格总水平上涨率为 5%，投资估算到开工按一年考虑，基本预备费率为 10%。

2. 问题

试估算该项目的建设投资。

3. 答案

1) 计算项目的基本预备费

基本预备费=(45 000+3860)×10%=4886(万元)

则静态投资=45 000+3860+4886=53 746(万元)

2) 计算项目的涨价预备费

P=53 746×25%×[(1+0.05)^1(1+0.05)$^{1/2}$(1+0.05)^0−1]+53 746×55%×[(1+0.05)^1 (1+0.05)$^{1/2}$ (1+0.05)^1−1]+ 53 746×20%×[(1+0.05)^1 (1+0.05)$^{1/2}$ (1+0.05)^2−1]

=6856.62(万元)

3) 计算项目的建设投资

建设投资=工程费用+工程建设其他费+基本预备费+涨价预备费

=45 000+3860+4886+6856.62=60 602.62(万元)

1.3.2 案例 2——资金的时间价值

1. 背景

某咨询公司接受某商厦业主委托，对商厦改造提出以下两个方案。

方案甲：对原商厦进行改建。该方案预计投资 6000 万元，改建后可使用 10 年。使用期间每年需维护费 300 万元，运营 10 年后报废，残值为 0 元。

方案乙：拆除原商厦并新建。该方案预计投资 30 000 万元，建成后可使用 60 年。使用期间每年需维护费 500 万元，每 20 年需进行一次大修，每次大修费用为 1500 万元，运营 60 年后报废，残值 800 万元。

基准收益率为 6%。资金等值换算系数如表 1-1 所示。

表 1-1 资金等值换算系数

n	3	10	20	40	60	63
$(P/F, 6\%, n)$	0.8396	0.5584	0.3118	0.0972	0.0303	0.0255
$(A/P, 6\%, n)$	0.3741	0.1359	0.0872	0.0665	0.0619	0.0616

2. 问题

(1) 如果不考虑两方案建设期的差异，计算两个方案的年费用。

（2）　若方案甲、方案乙的年系统效率分别为 2000 万元、4500 万元，以年费用作为寿命周期成本，计算两个方案的费用效率指标，并选择最优方案。

（3）　如果考虑按方案乙该商厦需 3 年建成，建设投资分 3 次在每年年末投入，试重新对方案甲、方案乙进行评价和选择。

3. 答案

（1）　方案甲年费用=300+6000×$(A/P, 6\%, 10)$=300+6000×0.1359=1115.40(万元)

方案乙年费用=500+30 000×$(A/P, 6\%, 60)$+1500×$(P/F, 6\%, 20)$×$(A/P, 6\%, 60)$ +1500×

$\qquad$ $(P/F, 6\%, 40)$×$(A/P, 6\%, 60)$−800×$(P/F, 6\%, 60)$×$(A/P, 6\%, 60)$

$\qquad$ =500+30 000×0.0619+1500 ×0.3118×0.0619+1500×0.0972

$\qquad$ ×0.0619−800×0.0303×0.0619

$\qquad$ =2393.48(万元)

（2）　方案甲的费用效率=2000/1115.40=1.79

方案乙的费用效率=4500/2393.48=1.88

因为方案乙的费用效率高于方案甲，因此应选择方案乙。

（3）　方案乙的年费用={[2393.48−30 000×$(A/P, 6\%, 60)$]×$(P/A, 6\%, 60)$×$(P/F, 6\%, 3)$

$\qquad$ +30 000/3×$(P/A, 6\%, 3)$}×$(A/P, 6\%, 63)$

$\qquad$ ={[2393.48−30 000×0.0619]×1/0.0619×0.8396+30 000/3 ×1/0.3741}×0.0616

$\qquad$ =2094.86(万元)

方案乙的费用效率=4500×$(P/A, 6\%, 60)$×$(P/F, 6\%, 3)$×$(A/P, 6\%, 63)$/2094.86

$\qquad$ =4500 ×1/0.0619×0.8396×0.0616/2094.86

$\qquad$ =1.79

因为方案甲的费用效率和方案乙一样，因此可以选择任何一个方案。

1.3.3　案例 3——生产能力分析

1. 背景

已知生产能力为年产某新型工业产品 5 万件的投资总额为 1000 万元。

2. 问题

（1）　若增加相同规格的设备，求年产 6 万件的项目需要多少投资(设 $n=0.9$，$f=1$)。

（2）　若要将该产品产量在原有基础上增加 1 倍，投资额大约增加多少万元？

3. 答案

（1）　$C_2 = 1000 \times \left(\dfrac{6}{5}\right)^{0.9} \times 1 = 1178.32$(万元)

(2) $\dfrac{C_2}{C_1} = \left(\dfrac{A_2}{A_1}\right)^n \cdot f$

对于一般未确定指数的项目，n 近似取 0.6，设 $f = 1$，则

$$\frac{C_2}{C_1} = \left(\frac{2}{1}\right)^{0.6} \times 1 = 1.5$$

即生产能力增加 1 倍，投资额大约增加 50%。

1.3.4 案例4——盈亏平衡分析

1. 背景

某新建项目正常年份的设计生产能力为 100 万件某产品，年固定成本为 580 万元(不含可抵扣进项税)，单位产品不含税销售价预计为 56 元，单位产品不含税可变成本估算额为 40 元。企业适用的增值税税率为 13%，增值税附加税税率为 12%，单位产品平均可抵扣进项税预计为 5 元。

2. 问题

(1) 对项目进行盈亏平衡分析，计算项目的产量盈亏平衡点。

(2) 在市场销售良好的情况下，正常生产年份的最大可能盈利额为多少万元？

(3) 在市场销售不良的情况下，企业欲保证年利润 120 万元的年产量应为多少件？

(4) 在市场销售不良的情况下，企业将产品的市场价格由 56 元降低 10%销售，则欲保证年利润 60 万元的年产量应为多少件？

(5) 从盈亏平衡分析角度，判断该项目的可行性。

3. 答案

【分析】增值税下盈亏平衡分析：

(不含税产品单价+单位产品销项税额)×产量=年固定成本+(不含税单位产品可变成本+单位产品进项税额)×产量+单位产品增值税×(1+增值税附加税率)×产量

(不含税产品单价+单位产品销项税额)×产量=年固定成本+(不含税单位产品可变成本+单位产品进项税额)×产量+(单位产品销项税额−单位产品进项税额)×(1+增值税附加税率)×产量

不含税产品单价×产量=年固定成本+不含税单位产品可变成本×产量+单位产品增值税×增值税附加税率×产量

故，可得：

$$产量盈亏平衡点 = \frac{年固定成本}{不含税产品单价 - 不含税单位产品可变成本 - 单位产品增值税 \times 增值税附加税率}$$

(1) 项目产量盈亏平衡点计算如下：

$$产量盈亏平衡点 = \frac{580}{56 - 40 - (56 \times 13\% - 5) \times 12\%} = 36.88(万件)$$

在市场销售良好的情况下，正常年份最大可能盈利额为

最大可能盈利额 R=正常年份总收益额-正常年份总成本

R=设计生产能力×单价-年固定成本-设计生产能力×(单位产品可变成本+单位产品
　　增值税×增值税附加税率)

$= 100 \times 56 - 580 - 100 \times [40 + (56 \times 13\% - 5) \times 12\%]$

$= 992.64(万元)$

(2) 在市场销售不良的情况下，每年欲获 120 万元利润的最低年产量为

$$产量盈亏平衡点 = \frac{120 + 580}{56 - 40 - (56 \times 13\% - 5) \times 12\%} = 44.51(万件)$$

(3) 在市场销售不良的情况下，为了促销，产品的市场价格由 56 元降低 10%时，还要维持每年 60 万元利润额的年产量应为

$$产量盈亏平衡点 = \frac{60 + 580}{50.4 - 40 - (50.4 \times 13\% - 5) \times 12\%} = 62.66(万件)$$

(4) 根据上述计算结果分析如下。

① 本项目产量盈亏平衡点为 36.88 万件，而项目的设计生产能力为 100 万件，远大于盈亏平衡产量，可见，项目盈亏平衡产量为设计生产能力 36.88 万件，所以，该项目盈利能力和抗风险能力强。

② 在市场销售良好的情况下，按照设计正常年份生产的最大可能盈利额为 992.64 万元；在市场销售不良的情况下，只要年产量和年销售量达到设计能力的 44.51%，每年仍能盈利 120 万元。

③ 在不利的情况下，单位产品价格即使压低 10%，只要年产量和年销售量达到设计能力的 62.66 万件，每年仍能盈利 60 万元。所以，该项目获利的机会大。

综上所述，从盈亏平衡分析角度判断该项目可行。

1.3.5 案例5——现金流量分析

1. 背景

某企业投资新建一项目，生产某种市场需求较大的产品。项目的基础数据如下。

(1) 项目建设投资估算为 1600 万元(含可抵扣进项税 112 万元)，建设期 1 年，运营期 8 年。建设投资(不含可抵扣进项税)全部形成固定资产，固定资产使用年限 8 年，残值率为 4%，按直线法折旧。

(2) 项目流动资金估算为 200 万元，运营期第 1 年年初投入，在项目的运营期末全部回收。

(3) 项目资金来源为自有资金和贷款,建设投资贷款利率为 8%(按年计息),流动资金利率为 5%(按年计息)。建设投资贷款的还款方式为运营期前 4 年等额还本利息方式。

(4) 项目正常年份的设计产能为 10 万件,运营期第 1 年的产能为正常年份产能的 70%,目前市场同类产品的不含税销售价格为 65～75 元/件。

(5) 项目资金投入、收益及成本等基础测算数据见表 1-2。

(6) 该项目产品适用的增值税税率为 13%,增值税附加综合税率为 10%,所得税税率为 25%。

表 1-2 项目资金投入、收益及成本等测算数据

单位：万元

序 号	项目 \ 年份	1	2	3	4	5	6
1	建设投资	1600					
	其中：自有资金	600					
	贷款本金	1000					
2	流动资金		200				
	其中：自有资金		100				
	贷款本金		100				
3	产销数量(万件)		7	10	10	10	10
4	年经营成本		210	300	300	300	330
	其中：可抵扣进项税		14	20	20		25

2. 问题

(1) 列式计算项目的建设期贷款利息及年固定资产折旧额。

(2) 若产品的不含税销售单价确定为 65 元/件,列式计算项目运营期第 1 年的增值税、税前利润、所得税、税后利润。

(3) 若企业希望项目运营期第 1 年不借助其他资金来源就能够满足建设投资贷款还款要求,产品的不含税销售单价至少应确定为多少?

3. 答案

(1) 建设期贷款利息 $=1000 \times \dfrac{1}{2} \times 8\% = 40$(万元)

年固定资产折旧 $=(1600+40-112) \times (1-4\%) \div 8 = 183.36$(万元)

(2) 运营期第 1 年增值税 $=7 \times 65 \times 13\% - 14 - 112 = -66.85$(万元) <0,应纳增值税 0 元,增值税附加 0 元。

运营期第 1 年的税前利润=销售收入(不含税)-总成本费用(不含税)-增值税附加

销售收入 $=65 \times 7 = 455$(万元)

总成本费用=经营成本+折旧费+摊销费+利息支出

$$= (210 - 14) + 183.36 + 0 + [(1000 + 40) \times 8\% + 100 \times 5\%] = 467.56(万元)$$

故，税前利润 $= 455 - 467.56 - 0 = -12.56(万元)$

运营期第1年的税前利润<0，所得税为0，税后利润为-12.56万元。

(3) 运营期第1年还本 $= (1000 + 40) \div 4 = 260(万元)$

若要满足还款要求，则运营期第1年净利润至少达到：

$260 - 183.36 = 76.64(万元)$

设产品的不含税销售单价为 x ，则
$(7x - 467.56) \times (1 - 25\%) = 76.64$

得 $x = 81.39(元/件)$

练　习　题

练习题一

背景

某拟建厂房项目建设投资3500万元，建设期2年，生产运营期8年。其他有关资料和基础数据如下。

① 建设投资预计全部形成固定资产，固定资产使用年限为8年，残值率为4%，采用直线法折旧。

② 建设投资来源为资本金和贷款，其中贷款本金为2000万元，贷款年利率为5%，按年计息。贷款在2年内均衡投入。

③ 在生产运营期前4年按照等额还本付息方式偿还贷款。

④ 生产运营期第1年由资本金投入300万元，作为生产运营期间的流动资金。

⑤ 项目生产运营期正常年份不含税营业收入为1500万元，经营成本为700万元，其中含可抵扣进项税额80万元。生产运营期第1年营业收入、经营成本及进项税额均为正常年份的80%，第2年起各年营业收入和经营成本均达到正常年份水平。

⑥ 项目所得税税率为25%，增值税税率为9%，增值税附加税率为10%。

问题

① 列式计算项目的年折旧额。

② 列式计算项目生产运营期第1年、第2年应偿还的贷款本息额。

③ 列式计算项目生产运营期第1年、第2年的总成本费用(含税)。

④ 判断项目生产运营期第1年年末项目还款资金能否满足约定的还款方式，并通过列式计算说明理由。

练习题二

背景

某改造项目原有资产的重估值为 200 万元，其中 100 万元的资产将在改造后被拆除变卖，其余的 100 万元资产继续留用。改造的新增投资估计为 300 万元，改造后预计每年净收益可达到 100 万元，而不改造的每年净收益预计只有 40 万元。假定改造和不改造的寿命均为 8 年，标准折现率为 10%。

问题

该企业是否应当进行技术改造？请列式计算说明理由。

第 2 章　建设工程设计、施工方案技术经济分析

本章学习要求和目标

➤ 设计方案评价指标与评价方法。

➤ 施工方案评价指标与评价方法。

➤ 综合评价法在设计、施工方案评价中的应用。

➤ 价值工程在设计、施工方案评价中的应用。

➤ 寿命周期费用理论在方案评价中的应用。

2.1 概　　述

2.1.1 技术评价指标

1. 设计方案的评价指标

设计方案的优劣直接影响建设费用、进度和质量，决定项目建成后的使用价值和经济效果。不同的建筑体系，其设计方案技术经济评价指标体系是不同的。

1) 民用建筑工程设计

对于小区规划设计，其技术经济评价指标主要有用地指标、密度指标、造价指标等，如表 2-1 所示。

表 2-1　小区规划设计主要技术经济评价指标

指标分类	指标名称	计算公式
用地指标	居住用地系数(%)	$\dfrac{\text{居住用地面积}}{\text{小区总占地面积}} \times 100\%$
	公共建筑系数(%)	$\dfrac{\text{公共建筑用地面积}}{\text{小区总占地面积}} \times 100\%$
	人均用地指标(m^2/人)	$\dfrac{\text{总居住建筑用地面积}}{\text{小区居住总人口}}$
	绿化用地系数(%)	$\dfrac{\text{绿化用地面积}}{\text{小区总占地面积}} \times 100\%$
密度指标	居住建筑面积毛密度(%)	$\dfrac{\text{居住建筑面积}}{\text{居住区总用地面积}} \times 100\%$
	居住建筑面积净密度(%)	$\dfrac{\text{居住建筑总面积}}{\text{居住区居住用地面积}} \times 100\%$
	居住建筑净密度(%)	$\dfrac{\text{居住建筑占地面积}}{\text{居住用地面积}} \times 100\%$
	居住面积净密度(%)	$\dfrac{\text{居住建筑总居住面积}}{\text{居住用地面积}} \times 100\%$
造价指标	居住建筑工程造价(元/m^2)	$\dfrac{\text{居住建筑总投资}}{\text{居住建筑总面积}}$

对于住宅平面设计，其技术经济评价指标主要有平面系数、辅助面积系数、结构面积系数、外墙周长系数等，如表 2-2 所示。

表 2-2　住宅建筑平面布置的主要技术经济评价指标

指标名称	计算公式	说　明
平面系数(K_1)	$K_1 = \dfrac{\text{居住面积}}{\text{建筑面积}}$	居住面积是指住宅建筑中的居室净面积
辅助面积系数(K_2)	$K_2 = \dfrac{\text{辅助面积}}{\text{居住面积}}$	辅助面积是指住宅建筑中的楼梯、走道、厨房、厕所、阳台等净面积
结构面积系数(K_3)	$K_3 = \dfrac{\text{结构面积}}{\text{建筑面积}}$	结构面积是指住宅建筑各层平面中的墙、柱等结构所占的面积
外墙周长系数 (K_4)	$K_4 = \dfrac{\text{建筑物外墙周长}}{\text{建筑物底层建筑面积}}$	—

2)　工业建筑工程设计

工业建筑工程设计包括总平面图设计和建筑的空间平面设计。

对于总平面图设计，其技术经济评价指标有建筑系数、土地利用系数、工程量指标、运营费用指标等。

对于空间平面设计，其技术经济指标主要有工程造价、建设工期、主要实物工程量、建筑面积、材料消耗指标、用地指标等。

2. 施工方案的技术评价指标

施工方案的技术评价指标主要有总工期、劳动生产率、质量指标、工程造价指标、综合技术经济分析指标、材料消耗指标、机械台班消耗指标、成本降低率、费用指标等。其中综合技术经济分析指标应以工期、质量、成本(劳动力、材料、机械台班的合理搭配)为重点。

$$\text{材料节约率} = \frac{\text{材料预算用量} - \text{计划用量}}{\text{材料预算用量}} \times 100\% \tag{2-1}$$

$$\text{成本降低率} = \frac{\text{预算成本} - \text{计划成本}}{\text{预算成本}} \times 100\% \tag{2-2}$$

2.1.2　技术经济评价方法

技术经济评价方法(也称作方案的比选方法)主要有计算费用法、综合评分法、价值工程法、盈亏平衡法、资金的时间价值对方案的分析法、网络进度计划法、决策树法和寿命周期成本分析等。

1. 计算费用法

计算费用法是指用费用来反映设计方案对物质及劳动量的消耗多少，并以此评价设计方案优劣的方法。经计算后费用最少的设计方案为最佳方案。计算费用法有两种计算方式，即年费用计算法和总费用计算法。

年费用计算法的计算公式见式(2-3)。

$$年费用=总投资额×投资效果系数+年生产成本 \tag{2-3}$$

总费用计算法的计算公式见式(2-4)。

$$总费用=总投资额+年生产成本×投资回收期 \tag{2-4}$$

注意，计算时投资回收期与投资效果系数互为倒数。

2. 综合评分法

综合评分法是一种定量分析评价与定性分析评价相结合的方法。它是通过对需要进行分析评价的设计方案设定若干评价指标，并按其重要程度分配权重，然后按评价标准给各项指标打分，将各项指标所得分数与其权重相乘并汇总，得出各设计方案的评价总分，以总分最高的方案为最佳方案。注意：权重相加等于1。

综合评分法的计算公式见式(2-5)。

$$某设计方案的总分=\sum(该方案在某评价指标中的评分×该评价指标的权重) \tag{2-5}$$

3. 价值工程法

在价值工程法中，价值是一个核心的概念。价值是指研究对象所具有的功能与获得这些功能的全部费用之比。其计算公式见式(2-6)。

$$V = \frac{F}{C} \tag{2-6}$$

式中：V——价值；

F——功能；

C——成本。

1) 价值工程用于方案比选

(1) 确定各项功能重要系数。

某项功能重要系数$=\sum$(该功能各评价指标得分×该评价指标权重)/评价指标得分之和

确定各项功能重要系数可采用01评分法、04评分法、环比评分法。

下面介绍01评分法和04评分法。

● 01评分法：重要者得1分，不重要者得0分，如表2-3所示。

● 04评分法：采用04评分法进行一一比较时，非常重要的功能得4分，很不重要的功能得0分；比较重要的功能得3分，不太重要的功能得1分；两个功能重要程度相同时各得2分；自身对比不得分。04评分法如表2-4所示。

(2) 计算各项方案的成本系数。

$$某方案成本系数=该方案成本(造价)/各个方案成本(造价)之和 \tag{2-7}$$

表 2-3　01 评分法

零件功能	一对一比较结果					得　分	功能评价系数
	A	B	C	D	E		
A	×	1	0	1	1	3	0.3
B	0	×	0	1	1	2	0.2
C	1	1	×	1	1	4	0.4
D	0	0	0	×	0	0	0
E	0	0	0	1	×	1	0.1
合计						10	1.0

表 2-4　04 评分法

零件功能	一对一比较结果					得　分	功能评价系数
	A	B	C	D	E		
A	×	3	1	4	4	12	0.3
B	1	×	3	1	4	9	0.225
C	3	1	×	3	0	7	0.175
D	0	3	1	×	3	7	0.175
E	0	0	4	1	×	5	0.125
合计						40	1.0

(3) 计算方案功能评价系数。

$$\text{某方案功能评价系数} = \text{该方案评定总分}/\text{各方案评定总分之和} \qquad (2\text{-}8)$$

式中：该方案评定总分 $= \sum$(各功能重要系数×该方案对各功能的满足程度得分)。

(4) 计算各项方案的价值系数。

$$\text{某方案价值指数} = \text{该方案功能评价指数}/\text{该方案成本指数} \qquad (2\text{-}9)$$

(5) 功能价值的分析。

通过功能价值的分析，选择价值系数最高的方案。

2) 价值工程用于方案优化

当功能的价值计算出来以后，需要进行分析，确定评价对象是否为功能改进的重点，以及其功能改进的方向和幅度，为后面的方案创新工作打下良好的基础。功能价值的分析根据功能评价方法的不同而有所不同。

(1) $V=1$，此时功能评价值等于功能目前成本。这表明评价对象的功能目前成本与实现功能所必需的最低成本大致相当，说明评价对象的价值为最佳，一般无须改进。

(2) $V<1$，此时功能目前成本大于功能评价值。这表明评价对象的目前成本偏高，这时一种可能是存在着过剩的功能；另一种可能是功能虽无过剩，但实现功能的条件或方法不佳，以致实现功能的成本大于功能的实际需要。这两种情况都应列入功能改进的范围，并

且以剔除过剩功能及降低目前成本为改进方向。

(3) $V>1$，此时功能目前成本小于功能评价值。表明评价对象的功能目前成本低于实现该功能所应投入的最低成本，从而评价对象功能不足，没有达到用户的功能要求，应适当增加成本，提高功能水平。

4. 盈亏平衡法

盈亏平衡法主要是通过收益和支出平衡的一种分析方法，其计算公式见式(2-10)。

$$\text{总成本(TC)} = \text{总收入(TR)} \tag{2-10}$$

5. 资金的时间价值对方案的分析法

资金的时间价值对方案的分析法主要是指净现值法、净年值法、费用现值法和费用年值法。

1) 净现值

$$\text{FNPV} = \sum_{t=1}^{n}(\text{CI} - \text{CO})_t \cdot (1+i_c)^{-t} \tag{2-11}$$

式中：CI——现金流入量；

CO——现金流出量；

$(\text{CI} - \text{CO})_t$——第 t 年的净现金流量；

n ——计算期；

i_c ——基准收益率或设定折现率。

如果 FNPV $\geq$ 0，表明项目在计算期内可获得大于或等于基准收益水平的收益额，可考虑接受该项目。

2) 净年值

$$\text{NAV} = \text{NPV}(A/P, i_c, n) = \sum_{t=0}^{n}(\text{CI} - \text{CO})_t (1+i_c)^{-t}(A/P, i_c, n) \tag{2-12}$$

式中各符号的含义与式(2-11)中相同。

3) 费用现值

$$\text{PC} = \sum_{t=0}^{n}\text{CO}_t(P/F, i_c, t) \tag{2-13}$$

式中：PC——费用现值；

F——终值。

其余符号同前。

进行方案比较时，费用现值最小的为最优方案。

4) 费用年值

$$\begin{aligned}\text{AC} &= \text{PC}(A/P, i_c, n) \\ &= \sum_{i=0}^{n}\text{CO}_t(P/F, i_c, t)(A/P, i_c, n)\end{aligned} \tag{2-14}$$

式中：AC——费用年值。

进行方案比较时，费用年值最小的方案为最优方案。

6. 网络进度计划法

1) 关于工程网络进度的名词术语

要掌握以下名词术语。

(1) 最迟完成时间和最迟开始时间。

工作的最迟完成时间是指在不影响整个任务按期完成的条件下，本工作最迟必须完成的时间。

工作的最迟开始时间等于本工作的最迟完成时间与其持续时间之差。

(2) 总时差和自由时差。

工作的总时差是指在不影响工期的前提下，本工作可以利用的机动时间。

工作的自由时差是指在不影响后续工作最早开始的前提下，本工作可以利用的机动时间。

从总时差和自由时差的定义可知，对同一项工作而言，自由时差不会超过总时差。工作的总时差为零时，其自由时差必然也为零。

(3) 相邻两项工作之间的时间间隔。

相邻两项工作之间的时间间隔是指本工作的最早完成时间与其紧后工作最早开始时间可能存在的差值。

2) 计算

(1) 计算工作的最早开始时间和最早完成时间，应从网络计划起点开始，顺箭线方向依次向前推算。

(2) 计算工作的最迟开始时间和最迟结束时间，应从网络计划终点开始，逆箭线方向依次向后推算。

(3) 工程网络终点工作中最早完成时间的最大值，即网络计划的计算工期。

(4) 工作的总时差等于该工作的最迟开始(结束)时间与最早开始(结束)时间之差。

(5) 某项工作的自由时差等于该工作的最早完成时间与其紧后工作最早开始时间最小值的时间差。必须注意的是，一般情况下，某项工作的自由时差小于等于其总时差，自由时差为零时总时差不一定等于零；而总时差为零时，自由时差一定为零。

3) 关键线路的确定

(1) 确定关键线路时应注意网络计划的具体内容和形式。

● 一般网络计划中，总时差为零的工作称为关键工作，由开始节点至终止节点所有关键工作组成的线路为关键线路，这条线路上各工作持续时间之和为最大，即工程的计算工期。

● 在不计算时间参数的情况下，由开始节点到终止节点形成的线路上各项工作持续时间之和的最大值所对应的线路称为关键线路。

(2) 在时标网络图中，由开始节点至终止节点的线路中各项工作的自由时差均为零的线路即为关键线路。

(3) 在一个网络计划中，至少存在一条关键线路。对于不同的关键线路，各条线路上的各工作持续时间之和相同。

7. 决策树法

决策树法是直观地运用概率分析的一种图解方法。它主要用于对各个投资方案的状态、概率和收益进行比较选择，为决策者提供依据。决策树法特别适用于多阶段决策的分析。

决策树一般由决策点、机会点、方案枝、概率枝等组成。

1) 决策树的绘制

绘制决策树时应注意：从左画到右；期望值要标在节点旁；淘汰的方案要剪枝。

2) 决策树的计算

计算决策树时应注意：二级决策树的绘制；动态分析(结合资金时间价值)；方案比较的可比性(计算期)；概率的确定。

8. 寿命周期成本分析在方案评价中的应用

在工程寿命周期成本中，不仅包括资金意义上的成本，还包括环境成本、社会成本。其中环境成本和社会成本都是隐性成本，它们不直接表现为量化成本，而必须借助于其他方法转化为可直接计量的成本，这就使得它们比资金成本更难以计量。

工程寿命周期成本是该项工程在其确定的寿命周期内或在预定的有效期内所需支付的研究开发费、制造安装费、运行维修费、报废回收费等费用的总和。

常用的寿命周期成本评价方法有费用效率法、固定效率法和固定费用法、权衡分析法等。

1) 费用效率法

费用效率(CE)是指工程系统效率(SE)与工程寿命周期成本(LCC)的比值。其计算公式见式(2-15)。

$$费用效率(CE)=系统效率(SE)/寿命周期成本(LCC)$$
$$=系统效率(SE)/(设置费(IC)+维持费(SC)) \qquad (2-15)$$

CE 值越大越好。如果 CE 公式的分子为一定值，可认为寿命周期成本少者为好。

(1) 系统效率。系统效率是指投入寿命周期成本后所取得的效果或者说明任务完成到什么程度的指标。如以寿命周期成本为输入，则系统效率为输出。通常，系统的输出为经济效益、价值、效率(效果)等。

(2) 寿命周期成本。寿命周期成本为设置费和维持费的合计额，也就是系统在寿命周期内的总费用。

费用估算的方法有很多，常用的有费用模型估算法、参数估算法、类比估算法、费用项目分别估算法。

2) 固定效率法和固定费用法

所谓固定费用法，是将费用值固定下来，然后选出能得到最佳效率的方案；相反，固定效率法是将效率值固定下来，然后选取能达到这个效率而且费用最低的方案。

根据系统情况的不同，有的只需采用固定费用法或固定效率法即可，有的则需同时运用两种方法。

3) 权衡分析法

寿命周期成本评价法的重要特点是进行有效的权衡分析。寿命周期成本评价法在很大程度上依赖于权衡分析的彻底程度。

在寿命周期成本评价法中，权衡分析的对象包括以下五种情况。

(1) 设置费与维持费的权衡分析。

(2) 设置费中各项费用之间的权衡分析。

(3) 维持费中各项费用之间的权衡分析。

(4) 系统效率和寿命周期成本的权衡分析。

(5) 从开发到系统设置完成这段时间与设置费的权衡分析。

2.2 案 例 分 析

2.2.1 案例 1——01 评分法

1. 背景

某咨询公司受业主委托，对某设计院提出的 8000m² 工程量的屋面工程的 A、B、C 三个设计方案进行评价。该工业厂房的设计使用年限为 40 年。咨询公司评价方案中设置功能实用性(F1)、经济合理性(F2)、结构可靠性(F3)、外形美观性(F4)和环境协调性(F5)五项评价指标。这五项评价指标的重要程度依次为 F1、F3、F2、F5、F4，各方案的每项评价指标得分如表 2-5 所示，各方案有关经济数据如表 2-6 所示，基准折现率为 6%，资金时间价值系数如表 2-7 所示。

表 2-5　各方案评价指标得分

功　能	A	B	C
F1	9	8	10
F2	8	10	9
F3	10	9	8
F4	7	9	9
F5	8	10	8

表 2-6　各方案有关经济数据汇总

方　案	A	B	C
含税全费用价格(元/m²)	65	80	115
年度维护费用(万元)	1.40	1.85	2.70
大修周期(年)	5	10	15
每次大修费(万元)	32	44	60

表 2-7　资金时间价值系数

n	5	10	15	20	25	30	35	40
(P/F,6%,n)	0.7474	0.5584	0.4173	0.3118	0.2330	0.1741	0.1301	0.0972
(A/P,6%,n)	0.2374	0.1359	0.1030	0.0872	0.0782	0.0726	0.0690	0.0665

2. 问题

(1) 用 01 评分法确定各项评价指标的权重，并把计算结果填入表 2-8。

(2) 列式计算 A、B、C 三个方案的加权综合得分，并选择最优方案。

(3) 计算该工程各方案的工程总造价和全寿命周期年度费用，从中选择最经济的方案(注：不考虑建设期差异的影响，每次大修给业主带来不便的损失为 1 万元，各方案均无残值)。

说明：问题(1)的计算结果保留三位小数，其他计算结果保留两位小数。

3. 答案

(1) 各项评价指标的权重计算如表 2-8 所示。

表 2-8　各评价指标权重计算

功　能	F1	F2	F3	F4	F5	得　分	修正得分	权　重
F1		1	1	1	1	4	5	0.333
F2	0		0	1	1	2	3	0.2
F3	0	1		1	1	3	4	0.267
F4	0	0	0		0	0	1	0.067
F5	0	0	0	1		1	2	0.133
合计						10	15	1

(2) 三个方案的加权综合得分情况如下。

A 综合得分：0.333×9+0.2×8+0.267×10+0.067×7+0.133×8=8.8(分)

B 综合得分：0.333×8+0.2×10+0.267×9+0.067×9+0.133×10=9(分)

C 综合得分：0.333×10+0.2×9+0.267×8+0.067×9+0.133×8=8.93(分)

所以 B 方案为最优。

(3) 各方案的工程总造价和全寿命周期年度费用计算如下。

① 工程总造价。

A：65×8000=520 000(元)

B：80×8000=640 000(元)

C：115×8000=920 000(元)

② 全寿命费用。

A：1.4+52×(*A/P*,6%,40)+(32+1)×[(*P/F*,6%,5)+(*P/F*,6%,10)+(*P/F*,6%,15)+(*P/F*,6%,20)+(*P/F*,6%,25)+(*P/F*,6%,30)+(*P/F*,6%,35)]×(*A/P*,6%,40)=10.52(万元)

B：1.85+64×(*A/P*,6%,40)+(44+1)×[(*P/F*,6%,10)+(*P/F*,6%,20)+(*P/F*,6%,30)]×(*A/P*,6%,40)=9.23 (万元)

C：2.70+92×(*A/P*,6%,40)+(60+1)×[(*P/F*,6%,15)+(*P/F*,6%,30)]×(*A/P*,6%,40)=11.22(万元)

所以 B 方案最经济。

2.2.2　案例 2——费用效率

1. 背景

某市修建一条快速干线，初步拟定两条备选路线，即沿河路线与穿山路线，两条路线的平均车速都提高了 50 千米/小时，日平均流量都是 6000 辆，寿命均为 30 年，且无残值，基准收益率为 12%，其他数据如表 2-9 所示。

表 2-9　两方案的费用效益

方案指标	沿河路线	穿山路线
全长(千米)	20	15
初期投资(万元)	490	650
年维护及运行费(万元/(千米·年))	0.2	0.25
大修(每 10 年一次，万元/10 年)	85	65
运输费用节约(元/(千米·辆))	0.098	0.1127
时间费用节约(元/(小时·辆))	2.6	2.6

已知(*P/F*, 12%, 10)=0.3220，(*P/F*, 12%, 20)=0.1037，(*A/P*, 12%, 30)=0.1241。

2. 问题

试用寿命周期费用理论分析两条路线的优劣，并作出方案选择(计算结果保留两位小数)。

3. 答案

1) 计算沿河路线方案的费用效率(CE)

(1) 求系统效率(SE)。

时间费用节约: $6000×365×20/50×2.6/1000=227.76$(万元/年)

运输费用节约: $6000×365×20×0.098/10000=429.24$(万元/年)

则: $SE=227.76+429.24=657$(万元/年)。

(2) 求寿命周期费用(LCC)(包括设置费(IC)和维持费(SC))。

① $IC=490×(A/P, 12\%, 30)=490×0.1241=60.81$(万元/年)

② $SC=0.2×20+[85×(P/F, 12\%, 10)+85×(P/F, 12\%, 20)]×(A/P, 12\%, 30)$

$=4+[85×0.3220+85×0.1037]×0.1241$

$=8.49$(万元/年)

则: $LCC=IC+SC=60.81+8.49=69.3$(万元/年)。

(3) 求费用效率(CE)。

$CE=SE/LCC=657/69.3=9.48$

2) 计算穿山路线方案的费用效率(CE)

(1) 求系统效率(SE)。

时间费用节约: $6000×365×15/50×2.6/10\,000=170.82$(万元/年)

运输费用节约: $6000×365×15×0.1127/10\,000=370.22$(万元/年)

则: $SE=170.82+370.22=541.04$(万元/年)。

(2) 求寿命周期费用。

生命周期费用(LCC)包括设置费(IC)和维持费(SC)。

① $IC=650×(A/P, 12\%, 30)=650×0.1241=80.67$(万元/年)

② $SC=0.25×15+[65×(P/F, 12\%, 10)+65×(P/F, 12\%, 20)]×(A/P, 12\%, 30)$

$=3.75+[65×0.3220+65×0.1037]×0.1241$

$=7.18$(万元/年)

则: $LCC=IC+SC=80.67+7.18=87.85$(万元/年)。

(3) 求费用效率(CE)。

$CE=SE/LCC=541.04/87.85=6.16$

3) 方案选择

因为沿河路线方案的费用效率大于穿山路线方案的费用效率,所以选择沿河路线方案。

2.2.3 案例3——不同分析方法的综合应用

1. 背景

某工厂准备改建生产线,其中三个事件需做经济分析。

事件一：某车间可从 A、B 两种新设备中选择一种来更换现有旧设备。设备 A 使用寿命期为 6 年，设备投资 10 000 万元，年经营成本前 3 年均为 5500 万元，后 3 年均为 6500 万元，期末净残值为 3500 万元。设备 B 使用寿命期为 6 年，设备投资 12 000 万元，年经营成本前 3 年均为 5000 万元，后 3 年均为 6000 万元，期末净残值为 4500 万元。该项目投资财务基准收益率为 15%。

事件二：某生产线数据如表 2-10 所示。

表 2-10　生产线数据

单位：万元/年

规划方案	系统效率(SE)	设置费(IC)	维持费(SC)
原规划方案 1	6000	1000	2000
新规划方案 2	6000	1500	1200
新规划方案 3	7200	1200	2100

事件三：新建项目正常年份的设计生产能力为 100 万件，年固定成本为 580 万元，每件产品销售价预计为 60 元，销售税金及附加税率为 6%，单位产品的可变成本估算额为 40 元。

2. 问题

(1) 对于事件一，用年费用计算法比较选择设备更新的最优方案。

(2) 对于事件一，如果设备 B 使用寿命期为 9 年，最后 3 年经营成本均为 7000 万元，期末净残值为 2000 万元，其他数据不变，用费用现值法比较选择最优方案(以最小寿命期作为共同研究期)。

(3) 用寿命周期理论计算分析事件二。

① 原规划方案 1 与新规划方案 2 设置费与维持费的权衡分析。

② 原规划方案 1 与新规划方案 3 系统效率与寿命周期费用之间的权衡分析。

(4) 工程寿命周期成本的构成有哪些？

(5) 对于事件三，对项目进行盈亏平衡分析，计算项目的产量盈亏平衡点和单价盈亏平衡点。

(6) 对于事件三，在市场销售不良的情况下，为了促销，产品的市场价格由 60 元降低 10%时，若欲获得每年年利润 60 万元，年产量应为多少？

(7) 对于事件三，从盈亏平衡分析角度判断该项目的可行性。

3. 答案

(1) ACA=[10 000+5500×(P/A, 15%, 3)+6500×(P/A, 15%, 3)×(P/F, 15%, 3)−3500×(P/F, 15%, 6)]/(P/A, 15%, 6)=(10 000+12 556.5+9764.39−1512)/3.784=8141.88(万元)

ACB=[12 000+5000×(P/A, 15%, 3)+6000×(P/A, 15%, 3)×(P/F, 15%, 3)−4500×(P/F, 15%, 6)]/(P/A, 15%, 6)=(12 000+11 415+9013.28−1944)/3.784=8056.10(万元)

经比较得知,B 设备较优。

(2) 具体做法如图 2-1 所示。

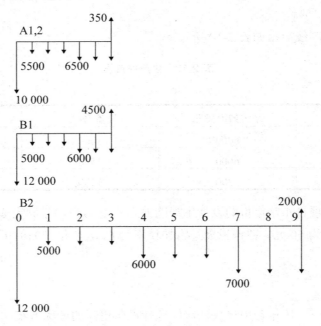

图 2-1 现金流量

PCA=10 000+5500×(P/A, 15%, 3)+6500×(P/A, 15%, 3)×(P/F, 15%, 3)−3500×(P/F, 15%, 6)
=30 808.89(万元)

PCB=12 000+5000×(P/A, 15%, 3)+6000×(P/A, 15%, 3)×(P/F, 15%, 3)+7000×(P/A, 15%, 3)×(P/F, 15%, 6)−2000×(P/F, 15%, 9)×(A/P, 15%, 9)×(P/A, 15%, 6)=30738.32(万元)

经比较得知,B 方案较优。

(3) 事件二的分析如下。

① 原规划方案 1 与新规划方案 2 设置费与维持费的权衡分析。

设原规划方案 1 的费用效率为 CE1,新规划方案 2 的费用效率为 CE2。

$$CE1=6000/(1000+2000)=2.0$$

$$CE2= 6000/(1500+1200)=2.22$$

通过上述设置费与维持费的权衡分析可知,方案 2 的设置费虽比原规划方案增加了 500 万元/年,但使维持费减少了 800 万元/年,从而使寿命周期成本 LCC2 比 LCC1 减少了 300 万元/年,其结果是费用效果由 2.00 提高到 2.22。这表明设置费的增加带来维持费的下降是可行的,即新规划方案 2 在费用效率上比原规划方案 1 好。

② 原规划方案 1 与新规划方案 3 的系统效率与寿命周期费用之间的权衡分析。

原规划方案 1 的费用效率为：CE1=2.00。

新规划方案 3 的费用效率为：CE3=7200/(1200+2100)=2.18。

通过系统效率与寿命周期费用之间的权衡分析可知，方案 3 的寿命周期成本增加了 300 万元/年(其中：设置费增加了 200 万元/年，维持费增加了 100 万元/年)，但由于系统效率增加了 1200 万元/年，其结果是使费用效率由 2.00 提高到 2.18。这表明方案 3 在费用效率上比原规划方案 1 好。因为方案 3 系统效率增加的幅度大于其寿命周期成本增加的幅度，故费用效率得以提高。

(4) 工程寿命周期成本的构成。

工程寿命周期成本是该项工程在其确定的寿命周期内或在预定的有效期内所需支付的研究开发费、制造安装费、运行维修费、报废回收费等费用的总和。

(5) 项目产量盈亏平衡点和单价盈亏平衡点计算如下。

$$项目产量盈亏平衡点 = \frac{580}{60 \times (1 - 6\%) - 40} = 35.37(万件)$$

$$单价盈亏平衡点 = \frac{580 + 100 \times 40}{100 \times (1 - 6\%)} = 48.72(元/件)$$

(6) 在市场销售不良的情况下，为了促销，产品的市场价格由 60 元降低 10%时，还要维持每年 60 万元利润额的年产量应为

$$年产量 = \frac{60 + 580}{54 \times (1 - 60\%) - 40} = 59.48(万件)$$

(7) 从盈亏平衡分析角度分析。

① 本项目产量盈亏平衡点为 35.37 万件，而项目的设计生产能力为 100 万件，远大于盈亏平衡产量，可见项目盈亏平衡产量仅为设计生产能力的 35.37%，所以该项目盈利能力和抗风险能力较强。

② 本项目单价盈亏平衡点为 48.72 元/件，而项目的预测单价为 60 元/件，高于盈亏平衡点的单价。在市场销售不良的情况下，为了促销，产品价格降低在 18.8% 以内，仍可保本。

③ 在不利的情况下，单位产品价格即使压低 10%，只要年产量和年销售量达到设计能力的 59.48%，每年仍能盈利 60 万元。所以该项目获利的机会大。

综上所述，可以判断该项目盈利能力和抗风险能力均较强。

2.2.4　案例 4——资金时间价值的分析

1. 背景

假如某工厂有某台设备，目前其残值为 2500 元，预计下一年要贬值 1000 元，且以后每年贬值 500 元。这样，设备尚可使用 4 年，最终残值为 0 元。现在市场上出现了一种较

好的设备，购置费为 16 000 元，年经营费用固定为 6000 元，经济寿命为 7 年，7 年末的残值为 1500 元。

2. 问题

假设年利率为 12%，试问设备是否需要更新？如果更新，何时为佳？

提示：设备更换的方案共有四个，先画出每个方案的现金流量图，再计算。

3. 答案

(1) 立即更换。

$$PC1=9357 \times (P/A,12\%,4)=28\ 421(元)$$

(2) 1 年后更换。

$$PC2=2500+(8000-1500) \times (P/F,12\%,1)+9357 \times (P/A,12\%,3) \times (P/F,12\%,1)$$
$$=28\ 371(元)$$

(3) 2 年后更换。

$$PC3=2500+8000 \times (P/F,12\%,1)+(9000-1000) \times (P/F,12\%,2)$$
$$+9357 \times (P/A,12\%,2) \times (P/F,12\%,2)$$
$$=28\ 627(元)$$

(4) 3 年后更换。

$$PC4=2500+8000 \times (P/F,12\%,1)+9000 \times (P/F,12\%,2)+$$
$$(10\ 000-500) \times (P/F,12\%,3)+9357 \times (P/F,12\%,4)$$
$$=29\ 527(元)$$

根据以上计算有 PC2<PC1<PC3<PC4，所以，旧设备再保留使用 1 年，1 年后用新设备来更换旧设备是最经济的方案。

2.2.5 案例 5——价值工程分析

1. 背景

某开发商拟开发一幢商住楼，有如下三种可行的设计方案。

方案 A：结构方案为大柱网框架轻墙体系，采用预应力大跨度迭合楼板，墙体材料采用多孔砖及移动式可拆装式分室隔墙，窗户采用单框双玻璃钢塑窗，面积利用系数为 93%，单方造价为 1437.58 元/m²。

方案 B：结构方案同 A 墙体，采用内浇外砌，窗户采用单框双玻璃空腹钢窗，面积利用系数为 87%，单方造价为 1108 元/m²。

方案 C：结构方案采用砖混结构体系，采用多孔预应力板，墙体材料采用标准黏土砖，窗户采用单玻璃空腹钢窗，面积利用系数为 70.69%，单方造价为 1081.8 元/m²。

方案功能得分及其重要系数如表 2-11 所示。

表 2-11　方案功能得分及其重要系数

方案功能	方案功能得分			方案功能重要系数
	A	B	C	
结构体系 f1	10	10	8	0.25
模板类型 f2	10	10	9	0.05
墙体材料 f3	8	9	7	0.25
面积系数 f4	9	8	7	0.35
窗户类型 f5	9	7	8	0.10

2. 问题

(1) 试应用价值工程方法选择最优设计方案。

(2) 为控制工程造价和进一步降低费用，拟针对所选的最优设计方案的土建工程部分，以工程材料费为对象开展价值工程分析。将土建工程划分为四个功能项目，各功能项目评分值及其目前成本如表 2-12 所示。按限额设计要求，目标成本额应控制在 12 170 万元。

表 2-12　基础资料

序　号	功能项目	功能评分	目前成本(万元)
1	A. 桩基围护工程	11	1520
2	B. 地下室工程	10	1482
3	C. 主体结构工程	35	4705
4	D. 装饰工程	38	5105
合计		94	12 812

试分析各功能项目的目标成本及其成本可能降低的幅度，并确定其功能改进顺序。

3. 答案

(1) 选择最优设计方案。

① 成本系数计算如表 2-13 所示。

表 2-13　成本系数计算

方案名称	造价(元/m²)	成本系数
A	1437.48	0.3963
B	1108	0.3055
C	1081.8	0.2982
合计	3627.28	1.0000

② 功能因素评分与功能系数计算如表 2-14 所示。

表 2-14 功能因素评分与功能系数计算

功能因素	重要系数	方案功能得分加权值$\phi_i S_{ij}$		
		A	B	C
f1	0.25	0.25×10=2.5	0.25×10=2.5	0.25×8=2.0
f2	0.05	0.05×10=0.5	0.05×10=0.5	0.05×9=0.45
f3	0.25	0.25×8=2.0	0.25×9=2.25	0.25×7=1.75
f4	0.35	0.35×9=3.15	0.35×8=2.8	0.35×7=2.45
f5	0.10	0.1×9=0.9	0.1×7=0.7	0.1×8=0.8
方案加权平均总分		9.05	8.75	7.45
功能系数		0.358	0.347	0.295

③ 各方案价值系数计算如表 2-15 所示。

表 2-15 各方案价值系数计算

方案名称	功能系数	成本系数	价值系数	选 优
A	0.358	0.3963	0.903	
B	0.347	0.3055	1.136	最优
C	0.295	0.2982	0.989	

④ 结论：根据对 A、B、C 方案进行价值工程分析，B 方案价值系数最高，为最优方案。

(2) 价值工程分析如下。

本项功能评分为 11，功能系数 F=11/94=0.1170。

目前成本为 1520 万元，成本系数 C=1520/12 812=0.1186。

价值系数 V=F/C=0.1170/0.1186=0.9865<1，成本比重偏高，需做重点分析，寻找降低成本的途径。

根据其功能系数 0.1170，目标成本只能确定为 12 170×0.1170=1423.89(万元)，成本降低幅度应为 1520−1423.89=96.11(万元)。

其他项目分析同理按功能系数计算目标成本及成本降低幅度，计算结果如表 2-16 所示。

表 2-16 成本降低幅度

序 号	功能项目	功能评分	功能系数	目前成本(万元)	成本系数	价值系数	目标成本(万元)	成本降低幅度
1	A.桩基围护工程	11	0.1170	1520	0.1186	0.9865	1423.89	96.11
2	B.地下室工程	10	0.1064	1482	0.1157	0.9196	1294.89	187.11
3	C.主体结构工程	35	0.3723	4705	0.3672	1.0139	4530.89	174.11

续表

序 号	功能项目	功能评分	功能系数	目前成本(万元)	成本系数	价值系数	目标成本(万元)	成本降低幅度
4	D.装饰工程	38	0.4043	5105	0.3985	1.0146	4920.33	184.67
合计		94	1.0000	12812	1.0000		12 170	642

根据表 2-16 的计算结果可知，功能项目的优先改进顺序为 B、D、C、A。

练 习 题

练习题一

背景

某市为改善越江交通状况，提出了以下两个方案。

方案 1：在原桥基础上加固、扩建。该方案预计投资 40 000 万元，建成后可通行 20 年。这期间每年需维护费 1000 万元。每 10 年需进行一次大修，每次大修费用为 3000 元，运营 20 年后报废时没有残值。

方案 2：拆除原桥，在原址上建一座新桥。该方案预计投资 120 000 万元，建成后可通行 60 年。这期间每年需维护费 1500 万元。每 20 年需进行一次大修，每次大修费用为 5000 元，运营 60 年后报废时可回收残值 5000 万元。

不考虑这两种方案建设期的差异，基准收益率为 6%。

问题

列式计算两方案的年费用。

练习题二

背景

某公司投资建设的设备主体工程，设计单位提供了以下两种方案。

方案 1 的初始投资为 20 000 万元，年运行成本为 5000 万元，预计残值为 2000 万元。

方案 2 的初始投资为 15 000 万元，年运行成本为 4500 万元，预计残值为 3000 万元。

这两个方案的寿命期均为 12 年，基准收益率为 15%。

业主委托招标代理公司进行设备制造项目招标，招标代理公司成立了以 A 为组长的招标代理组，聘请 B 等专家组成评标组。招标代理公司领导 C 使用 A 的电脑，并将 A 的有关该项目的招标资料复制到自己的电脑中。后来 C 将该电脑借给其好友 D 使用，并希望 D 参与该项目投标，D 立即口头向 C 许下利益承诺并参加了投标。D 从资料中知道 B 是评标组成员，拟高薪聘请 B 做本公司技术顾问，但遭到 B 的拒绝。

注：年金现值系数为 $(P/A, 15\%, 12)=5.4206$；复利现值系数为 $(P/F, 15\%, 12)=0.1869$。

问题

(1) 用费用现值法计算比较方案 1 和方案 2,哪个更优?

(2) 招标人应向什么部门提交本次招投标情况的书面报告?提交报告的最迟时间为确定中标人之后多少天?

(3) 招标人应该向哪些人发出招标结果?招标人和中标人应当自中标通知书发出之日起多少天内按照招标文件和中标人的投标文件订立书面合同?

(4) 指出该招投标过程中,有关当事人有哪些违规行为。

练习题三

背景

由于市场需求量增加,某钢铁集团公司高速线材生产线面临两种选择,第一种选择(方案 1)是在保留现有生产线 A 的基础上,3 年后再上一条生产线 B,使生产能力增加一倍;第二种选择(方案 2)是放弃现在的生产线 A,直接上一条新的生产线 C,使其生产能力增加一倍。

A 生产线是 10 年前建造的,其剩余寿命估计为 10 年,到期残值为 100 万元,目前市场上有厂家愿以 700 万元的价格收购 A 生产线。生产线今后第一年的经营成本为 20 万元,以后每年等额增加 5 万元。

B 生产线 3 年后建设,总投资 6000 万元,寿命期为 20 年,到期残值为 1000 万元,每年经营成本为 10 万元。

C 生产线目前正在建设,总投资 8000 万元,寿命期为 30 年,到期残值为 1200 万元,年运营成本为 8 万元。

问题

基准折现率为 10%,试比较方案 1 和方案 2 的优劣(设研究期为 10 年)。

练习题四

背景

某工程正使用设备 A,其目前残值为 3000 元,尚可使用 6 年,每年使用费为 1500 元,到期无残值;为了满足生产需要,提出两种设备更新方案。第一种方案是 6 年后用设备 B 来替代 A,B 的购置费为 10 000 元,使用寿命为 15 年,到期无残值,每年使用费为 500 元;第二种方案是现在即用设备 C 来替代 A,设备 C 的购置费为 6000 元,使用寿命为 15 年,到期无残值,每年使用费为 1000 元。已知年利率为 10%。

问题

比较上述两个方案的优劣。

第3章　建设工程计量与计价

本章学习要求和目标

➢ 《房屋建筑与装饰工程消耗量定额》TY 01—31—2015、《建设工程工程量清单计价规范》GB50500—2013、《房屋建筑与装饰工程工程量计算规范》GB50854—2013、《建筑工程建筑面积计算规范》GB/T 5035—2013、《建筑安装工程费用项目组成》建标〔2013〕44 号、《关于做好建筑业营改增建设工程计价依据调整准备工作的通知》建办标〔2016〕4 号、《关于调整建设工程计价依据增值税税率的通知》建办标〔2018〕20 号、《关于深化增值税改革有关政策的公告》《财政部、税务总局、海关总署公告 2019 年第 39 号》。

➢ 建筑安装工程人工、材料、机械台班消耗指标的确定方法。

➢ 概预算定额单价的组成、确定及换算方法。

➢ 设计概算的编制方法。

➢ 单位工程施工图预算的编制方法。

➢ 建设工程工程量清单计量与计价方法。

3.1 建设工程定额

3.1.1 建设工程定额的概念

建设工程定额是指在正常施工条件下，完成单位合格建筑产品必须消耗的人工、材料、机械台班及资金数量的标准，它反映了一定社会生产力水平条件下的产品生产和生产消费之间的数量关系，体现了社会平均水平或平均先进水平。

"正常施工条件"是施工过程符合生产工艺、施工验收规范和操作规程的要求，并且满足施工条件完善、劳动组织合理、机械运转正常、材料供应及时等条件。

3.1.2 建设工程定额分类

建设工程定额可根据不同的标准来分类。

1. 按生产要素分类

建设工程定额按生产要素可分为劳动消耗定额、机械消耗定额和材料消耗定额。

(1) 劳动消耗定额，是指完成一定的合格产品(工程实体或劳务)所规定的活劳动消耗的数量标准，其表达形式主要有时间定额和产量定额。

① 时间定额也称工时定额，是指生产单位合格产品或完成一定的工作任务的劳动时间消耗的限额。

时间定额以工日为单位，每一工日按 8 小时计算。其计算公式为

$$时间定额(工日)=1/每工产量 \tag{3-1}$$

$$单位产品时间定额(工日)=小组成员工日数总和/小组台班产量 \tag{3-2}$$

② 产量定额就是在单位时间(工日)内生产合格产品的数量或完成工作任务量的限额。

产量定额是以产品的单位计量，如米、平方米、立方米、吨、块、件等。其计算公式为

$$每日产量=1/单位产品时间定额 \tag{3-3}$$

$$小组每班产量=小组成员工日数总和/单位产品时间定额(工日) \tag{3-4}$$

(2) 机械消耗定额，是指为完成一定合格产品(工程实体或劳务)所规定的施工机械消耗的数量标准，其内容主要包括准备与结束时间、基本作业时间、辅助作业时间，以及工人必需的休息时间。以台班为单位，每一台班按 8 小时计算。

(3) 材料消耗定额，是指完成一定合格产品所需消耗材料的数量标准。

材料消耗确定的方法有观测法、试验法、统计法、理论计算法。

① 非周转性材料。

建筑材料消耗量由材料净耗量和材料损耗量组成，以单位产品的材料含量(消耗量)的单位来表示。其计算公式为

$$材料消耗量=材料净耗量+材料损耗量$$

$$=材料净耗量/(1-材料损耗率) \tag{3-5}$$

② 周转性材料。

现浇混凝土结构模板摊销量按多次使用分次摊销的方法计算。

● 一次使用量，是指在不重复使用条件下的一次性用量，其计算公式为

$$现浇混凝土结构木模板一次使用量=每计量单位混凝土构件接触面积×每平方$$

$$米接触面积常用模板量/(1-制作损耗率) \tag{3-6}$$

● 损耗量，是指每次加工修补所消耗的木材量，其计算公式为

$$损耗量=一次使用量×(周转次数-1)×损耗率/周转次数 \tag{3-7}$$

● 周转次数，是指周转材料在补损条件下可以重复使用的次数。

● 周转使用量，是指每周转一次平均所需的木材量，其计算公式为

$$周转使用量=一次使用量/周转次数+损耗量 \tag{3-8}$$

● 回收量，是指每周转一次后，可以平均回收的数量，其计算公式为

$$回收量=一次使用量×(1-损耗率)/周转次数 \tag{3-9}$$

● 摊销量，是指完成一定计量单位产品时一次所需要的周转材料的数量，其计算公式为

$$摊销量=\{[一次使用量+一次使用量×(周转次数-1)×补损率]/周转次数-[一次使用量×$$

$$(1-补损率)×回收折价系数/周转次数]\}×(1+施工损耗) \tag{3-10}$$

2. 按定额的编制程序和用途分类

按定额的编制程序和用途可以把工程定额分为劳动定额、施工定额、预算定额、概算定额、概算指标和工期定额。

(1) 劳动定额，是指在正常施工条件下，某工种的某等级工人或工人小组，生产单位合格产品所消耗的劳动时间，或者是在单位工作时间内生产单位合格产品的数量标准。

(2) 施工定额，是以同一性质的施工过程为标定对象，规定某种建筑产品的劳动消耗量、机械工作时间消耗和材料消耗量。

(3) 预算定额，是以各分部分项工程为单位编制的，定额中包括所需人工工日数、各种材料的消耗量和机械台班数量，同时还有相应地区的基价。

(4) 概算定额，是以扩大结构构件、分部工程或扩大分项工程为单位编制的，它包括人工、材料和机械台班消耗量，并列有工程费用。

(5) 概算指标，是比概算定额更综合的指标，它是以整个房屋或构筑物为单位编制的，包括劳动力、材料和机械台班定额三个组成部分，还列出了各结构部分的工程量和以每百

平方米建筑面积或每座构筑物体积为计量单位而规定的造价指标。

(6) 工期定额,是指为各类工程规定的施工期限的定额天数,包括建设工期定额和施工工期定额两个层次。

3. 按颁发部门及适用地区不同分类

按颁发部门及适用地区的不同,可将工程定额分为全国统一定额、行业统一定额、地区统一定额、企业定额和补充定额五种。

4. 按照投资的费用性质分类

按照投资的费用性质可将工程定额分为建筑工程定额、设备安装工程定额、建筑安装工程费用定额、工器具定额以及工程建设其他费用定额。

5. 按照专业性质分类

按照专业性质可将工程定额分为全国通用定额、行业通用定额和专业专用定额。

全国通用定额是指在部门间和地区间都可以使用的定额;行业通用定额是指具有专业特点在行业部门内可以通用的定额;专业专用定额是指特殊专业的定额,只能在指定范围内使用。

在案例分析中,是以预算定额为主,下面主要介绍预算定额。

3.1.3 建设工程预算定额

1. 预算定额概述

预算定额是指在正常合理的施工条件下,规定完成一定计量单位的分项工程或结构构件所必需的人工、材料和施工机械台班以及价值的消耗量标准。

2. 预算定额的编制

1) 定额计量单位

定额计量单位包括物理计量单位和自然计量单位。

(1) 物理计量单位。

● 当建筑结构构件的断面形状一定而长度不定时,宜采用延长米为计量单位,如木装修、落水管等。

● 当建筑结构构件厚度固定不变而长度和宽度变化不定时,宜采用平方米为计量单位,如按地面、墙面抹灰、楼面等。

● 当建筑结构构件的长、宽、高均变化不定时,宜采用立方米为计量单位,如土方、砖石、混凝土工程等。

● 有的分项工程面积、体积相同,但重量和价格差异很大,这时宜采用吨或千克为计量单位,如金属构件的制作、运输及安装等。

(2) 自然计量单位。

当分部分项工程或结构构件没有一定规格，而构件较复杂时，可以用个、块、套、座等作为计量单位，如消火栓、洗涤盆等。

2) 工程量的计算

预算定额是以基础定额为依据，在基础定额的基础上进行合并的综合性定额。例如，砖砌墙体预算定额中包括砌砖、调制砂浆、材料运输等全部施工过程，这就要求通过分别计算典型图纸中的施工过程的工程量才能综合出预算定额中每一个项目的人工、材料、机械消耗指标。

3) 工料机消耗量指标的确定

(1) 人工消耗指标的确定。

预算定额中人工消耗指标包括基本用工和其他用工两部分。建筑工程预算定额分项工程的人工消耗指标等于完成该项工程的各工序所消耗人工之和。

基本用工的计算公式为

$$基本用工=\sum(综合取定的工程量×时间定额) \quad (3-11)$$

其他用工通常包括辅助用工、超运距用工和人工幅度差。

● 辅助用工，是指技术工种劳动定额内不包括但在预算定额内又必须考虑的工时，主要是指基本用工以外的现场材料加工的用工量，如筛砂、淋灰用工等。其计算公式为

$$辅助用工=\sum(材料加工数量×相应时间定额) \quad (3-12)$$

● 超运距用工，是指预算定额中规定的材料、半成品的平均水平运距超过劳动定额规定运输距离的用工，其计算公式为

$$超运距用工=超运距运输材料数量×相应超运距时间定额 \quad (3-13)$$

● 人工幅度差，是指预算定额与劳动定额的差额，主要是指在劳动定额中未包括但在一般施工作业中又不可避免的，而且无法计量的用工和各种损失用工。如各工种间工序搭接、交叉作业时不可避免的停歇工时消耗，质量检查影响操作消耗的工时，以及施工作业中不可避免的其他零星用工等，其计算采用乘系数的方法：

$$人工幅度差=(基本用工+辅助用工+超运距用工)×人工幅度差系数 \quad (3-14)$$

人工幅度差系数由国家统一规定，一般为10%～15%。

在确定预算定额中的人工消耗量时，首先要确定时间定额：

工作延续时间=基本工作时间+辅助工作时间+准备与结束工作时间+

$$不可避免中断时间+休息时间 \quad (3-15)$$

在计算时，由于除基本工作时间外的其他时间一般用占工作延续时间的比例来表示，因此计算公式又可以改写为

$$工作延续时间=基本工作时间/(1-其他工作时间占工作延续时间的比例) \quad (3-16)$$

计算预算定额人工消耗量，其计算公式为

$$预算定额人工消耗量=时间定额\times(1+人工幅度差系数) \qquad (3-17)$$

(2) 材料消耗指标的确定。

材料的预算价格是指材料从其来源地到达施工工地仓库后的出库价格。材料预算价格的计算公式如下:

$$材料预算价格=[(材料原价+运杂费)\times(1+运输损耗率)]\times(1+采购及保管费率) \qquad (3-18)$$

当采用一般计税方法时,材料单价中的材料原价、运杂费等均应扣除增值税进项税额。

(3) 机械台班消耗量指标的确定。

机械台班单价是指1台施工机械,在正常运转条件下1个工作班中所发生的全部费用,它共由七项内容组成:折旧费、大修理费、经常修理费、安拆费及场外运输费、燃料动力费、人工费、养路费及车船使用税。

$$施工机械台班产量定额=机械纯工作1小时正常生产率\times工作班纯工作时间$$
$$=机械纯工作1小时正常生产率\times工作班延续时间\times机械正常利用系数 \qquad (3-19)$$
$$机械预算定额消耗量=施工机械台班产量定额\times(1+机械幅度差) \qquad (3-20)$$

3. 预算定额的使用

预算定额手册一般包括文字说明、工程量计算规则、定额项目表及有关附录等。

1) 文字说明

文字说明包括总说明和各章说明,总说明主要说明定额的编制依据、适用范围、用途、工程质量要求、施工条件,定额中已经考虑的因素和未考虑的因素,有关综合性工作内容及有关规定和说明。各章节说明是定额的重要内容,主要是说明本章(分部分项工程)的施工方法、消耗标准的调整、有关规定及说明。

2) 工程量计算规则

消耗量定额中的工程量计算规则综合考虑了施工方法、施工工艺和施工质量要求,计算出的工程量一般要考虑施工中的余量与定额项目的消耗量指标相互配套使用,如在消耗量定额中"土石方项目"的工程量计算规则是按设计图示尺寸(含垫层),另加工作面宽度、考虑放坡系数,以体积计算。

3) 定额项目表

定额项目表是消耗量定额的核心内容,包括工作内容、定额编号、定额项目名称、定额计量单位、定额基价及消耗量指标等。表3-1为某省现浇混凝土梁定额项目表。

4) 套用预算定额

预算定额单价的套用,是指在工程量计算完毕并核对无误后,用各分项工程量套用单位估价表中相应的预算基价,相乘后相加汇总,即可求出单位工程的直接费。在套用预算定额单价时,应注意以下几点。

(1) 分项工程量的名称、规格、计量单位等均应与预算定额或单位估价表所列的内容一致,不要发生重套、错套、漏套的现象。

(2) 若施工图纸的某些设计要求与定额单价的特征不完全符合，必须根据定额使用说明对定额基价进行调整或换算。

(3) 若施工图纸的某些设计要求与定额单价的特征相差甚远，则应编制补充定额或单位估价表。

表 3-1　梁

工作内容：混凝土搅拌、场内水平运输、浇捣、养护等。　　　　　　　　　　　　　单位：10m³

定额编号			A4-20	A4-21	A4-22	A4-23
项目名称			基础梁	单梁 连续梁	异型梁	圆梁 弧形圈梁
基　价(元)			2908.78	3035.92	3083.52	3498.43
其中	人工费(元)		773.40	900.60	942.60	1399.20
	材料费(元)		2022.67	2022.61	2028.21	2030.05
	机械费(元)		112.71	112.71	112.71	69.18
名　称	单　位	单价(元)	数　量			
人工	综合用工二类	工日	60.00	12.890	15.010	15.710	23.320
材料	现浇混凝土(中砂碎石) C20-40	m³	—	(10.000)	(10.000)	(10.000)	(10.000)
	水泥 32.5	t	360.00	3.250	3.250	3.250	3.250
	中砂	t	30.00	6.690	6.690	6.690	6.690
	碎石	t	42.00	13.660	13.660	13.660	13.660
	塑料薄膜	m²	0.80	24.120	23.800	28.920	33.040
	水	m²	5.00	11.790	11.830	12.130	11.840
机械	滚筒式混凝土搅拌机 500L 以内	台班	151.10	0.620	0.620	0.620	0.380
	混凝土振捣器(插入式)	台班	15.47	1.230	1.230	1.230	0.760

3.1.4　施工图预算的编制

施工图预算，是指在施工图设计完成后及工程开工前，根据已批准的施工图纸，在施工方案(或施工组织设计)已确定的前提下，按照国家和地区现行的统一预算定额、单位估计表、费用标准、材料预算价格等有关文件的规定，编制的单位工程造价的技术经济文件。

编制施工图预算前应做好以下准备工作。

(1) 整理和审核施工图纸。

① 整理施工图纸。

② 核对图纸是否齐全。

③ 阅读和审核施工图。

④ 设计交底和图纸会审。

(2) 搜集有关编制预算的依据资料。

(3) 熟悉施工组织设计或施工方案的有关内容。

(4) 了解其他有关情况。

① 了解设计概算书的内容及概算造价。

② 了解施工现场的情况。

③ 了解工程承包合同的有关条款。

施工图预算的编制方法有工料单价法和综合单价法两种方法。工料单价法又可分为预算单价法和实物法。

1. 预算单价法

预算单价法是按各地区颁发的预算定额,根据预算定额的规定计算各分项工程量,再分别乘以本地区单位价格表的相应基价,汇总为直接成本、间接成本中的措施成本。根据本地区颁发的建筑安装工程费用定额及有关取费标准,乘以相应费率,求出该工程间接成本中的经营成本、利润、风险金、规费、税金等,最后汇总以上各项费用即为该工程土建造价。

(1) 计算工程量。

(2) 计算并汇总直接费。

① 套用定额,计算分项工程定额直接费。

② 计算单位工程实体项目费用、施工技术措施费、施工组织措施费。

(3) 计算其他各项费用、利税,并汇总造价。

(4) 编制工料分析表。

(5) 复核。

(6) 编制说明,填写封面。

2. 实物法

实物法是根据施工图纸、国家或地区颁发的预算定额,计算各分项工程量;用工程量分别乘以预算定额单位计量的人工、材料、机械台班消耗量,计算出各分项工程的人工、材料、机械台班的数量;各分项工程的人工、材料、机械台班按工种、材料种类规格、机械种类规格分别汇总得出单位工程的人工、材料、机械台班消耗量;根据市场价格确定人工、材料、机械台班单价,再分别乘以人工、材料、机械台班数量,即为单位工程的人工费、材料费、机械费,三费相加即为单位工程定额直接成本、措施成本。再乘以相应费率,求出该工程间接成本中的经营成本、利润、风险金、规费、税金等,最后汇总即为造价。

(1) 计算工程量。

(2) 计算单位工程所需的人工、材料、机械台班消耗量。

(3)　计算并汇总直接费。

(4)　计算其他各项费用，汇总造价。

(5)　复核。

(6)　编制说明，填写封面。

3.1.5　工程计价

1. 工程造价的构成

工程造价就是建设项目总投资中的固定资产投资部分，是建设项目从筹建到竣工交付使用的整个建设过程所花费的全部固定资产投资费用。工程造价由五部分构成，如图 3-1 所示。

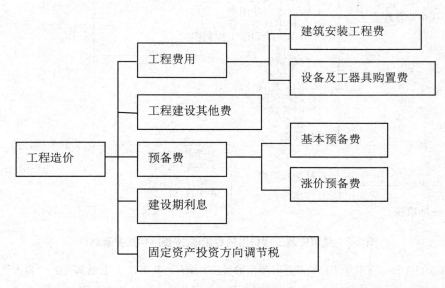

图 3-1　工程造价构成

2. 建筑安装工程费用的构成

根据住房和城乡建设部、财政部颁布的"关于印发《建筑安装工程费用项目组成》的通知"(建标〔2013〕44 号)，我国现行建筑安装工程费用项目按两种不同的方式划分，即按费用构成要素划分和按造价形成划分。

1)　建筑安装工程费用项目组成(按费用构成要素划分)

建筑安装工程费按照费用构成要素划分，由人工费、材料(包含工程设备，下同)费、施工机具使用费、企业管理费、利润、规费和税金组成。其中，人工费、材料费、施工机具使用费、企业管理费和利润包含在分部分项工程费、措施项目费、其他项目费中。(见图 3-2)

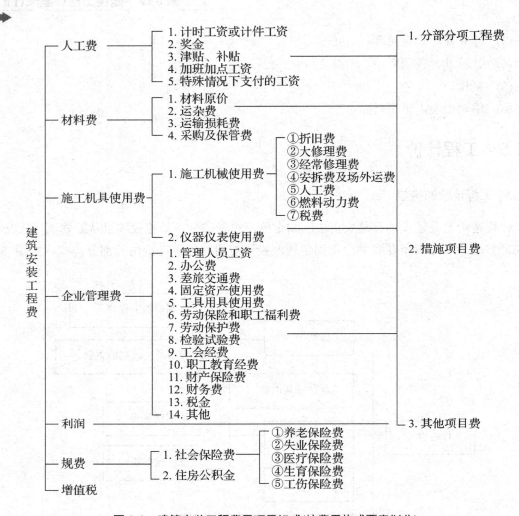

图 3-2　建筑安装工程费用项目组成(按费用构成要素划分)

注：2018 年 1 月 1 日，《中华人民共和国环境保护税法》施行，其第二十七条规定："自本法施行之日起，依照本法规定征收环境保护税，不再征收排污费。"即此前由环保部门征收的工程排污费，改由税务部门征收环境保护税。

(1) 人工费：是指按工资总额构成规定，支付给从事建筑安装工程施工的生产工人和附属生产单位工人的各项费用。计算人工费的基本要素有两个，即人工工日消耗量和人工日工资单价。

$$人工费=\sum(工日消耗量\times日工资单价) \tag{3-21}$$

(2) 材料费：是指工程施工过程中耗费的各种原材料、半成品、构配件、工程设备等的费用，以及周转材料等的摊销、租赁费用。计算材料费的基本要素是材料消耗量和材料单价。

① 材料消耗量：是指在正常施工生产条件下，完成规定计量单位的建筑安装产品所消耗的各类材料的净用量和不可避免的损耗量。

② 材料单价：是指建筑材料从其来源地运到施工工地仓库直至出库形成的综合平均单价。它由材料原价、运杂费、运输损耗费、采购及保管费组成。当采用一般计税方法时，材料单价中的材料原价、运杂费等均应扣除增值税进项税额。

材料费的基本计算公式为

$$材料费=\sum(材料消耗量\times材料单价) \qquad (3\text{-}22)$$

③ 工程设备：是指构成或计划构成永久工程一部分的机电设备、金属结构设备、器装置及其他类似的设备和装置。

(3) 施工机具使用费：是指施工作业所发生的施工机械、仪器仪表使用费或其租赁费。

① 施工机械使用费：是指施工机械作业发生的使用费或租赁费。构成施工机械使用费的基本要素是施工机械台班消耗量和机械台班单价。施工机械台班消耗量是指在正常施工生产条件下，完成规定计量单位的建筑安装产品所消耗的施工机械台班的数量。施工机械台班单价是指折合到每台班的施工机械使用费。施工机械使用费的基本计算公式为

$$施工机械使用费=\sum(施工机械台班消耗量\times机械台班单价) \qquad (3\text{-}23)$$

施工机械台班单价通常由折旧费、检修费、维护费、安拆费及场外运费、人工费、燃料动力费和其他费用组成。

② 仪器仪表使用费：是指工程施工所需使用的仪器仪表的摊销及维修费用。与施工机械使用费类似，仪器仪表使用费的基本计算公式为

$$仪器仪表使用费=\sum(仪器仪表台班消耗量\times仪器仪表台班单价) \qquad (3\text{-}24)$$

仪器仪表台班单价通常由折旧费、维护费、校验费和动力费组成。

当采用一般计税方法时，施工机械台班单价和仪器仪表台班单价中的相关子项均须扣除增值税进项税额。

(4) 企业管理费：是指建筑安装企业组织施工生产和经营管理所需的费用，其内容包括以下几方面。

① 管理人员工资：是指按规定支付给管理人员的计时工资、奖金、津贴补贴、加班加点工资及特殊情况下支付的工资等。

② 办公费：是指企业管理办公用的文具、纸张、账簿、印刷、邮电、书报、办公软件、现场监控、会议、水电、烧水和集体取暖降温(包括现场临时宿舍取暖降温)等费用。

当采用一般计税方法时，办公费中增值税进项税额的扣除原则：以购进货物适用的相应税率扣减，其中购进自来水、暖气、冷气、图书、报纸、杂志等适用的税率为9%，接受邮政和基础电信服务等适用的税率为9%，接受增值电信服务等适用的税率为6%，其他一般为13%。

③ 差旅交通费：是指职工因公出差、调动工作的差旅费、住勤补助费，市内交通费和误餐补助费，职工探亲路费，劳动力招募费，职工退休、退职一次性路费，工伤人员就医路费，工地转移费，以及管理部门使用的交通工具的油料、燃料等费用。

④ 固定资产使用费：是指管理和试验部门及附属生产单位使用的属于固定资产的房

屋设备、仪器等的折旧、大修、维修或租赁费。当采用一般计税方法时，固定资产使用费中增值税进项税额的扣除原则：购入的不动产适用的税率为9%，购入的其他固定资产适用的税率为13%。设备、仪器的折旧、大修、维修或租赁费以购进货物、接受修理修配劳务或租赁有形动产服务适用的税率扣除，均为13%。

⑤ 工具用具使用费：是指企业施工生产和管理使用的不属于固定资产的工具、器具、家具、交通工具，以及检验、试验、测绘、消防用具等的购置、维修和摊销费。当采用一般计税方法时，工具用具使用费中增值税进项税额的扣除原则：以购进货物或接受修理修配劳务适用的税率扣减，均为13%。

⑥ 劳动保险和职工福利费：是指由企业支付的职工退职金、按规定支付给离休干部的经费、集体福利费、夏季防暑降温费、冬季取暖补贴、上下班交通补贴等。

⑦ 劳动保护费：是指企业按规定发放的劳动保护用品的支出，如工作服、降温饮料以及在有碍身体健康的环境中施工的保健费用等。

⑧ 检验试验费：是指施工企业按照有关标准规定，对建筑以及材料、构件和建筑安装物进行一般鉴定、检查所发生的费用，包括自设实验室进行试验所耗用的材料等费用。不包括新结构、新材料的试验费，对构件做破坏性试验及其他特殊要求检验试验的费用和建设单位委托检测机构进行检测的费用，对此类检测发生的费用，由建设单位在工程建设其他费用中列支。但对施工企业提供的具有合格证明的材料进行检测不合格的，该检测费用由施工企业支付。当采用一般计税方法时，检验试验费中增值税进项税额以现代服务业适用的税率6%扣减。

⑨ 工会经费：是指企业按《中华人民共和国工会法》规定的全部职工工资总额比例计提的工会经费。

⑩ 职工教育经费：是指按职工工资总额的规定比例计提，企业为职工进行专业技术和职业技能培训，专业技术人员继续教育、职工职业技能鉴定、职业资格认定以及根据需要对职工进行各类文化教育所发生的费用。

⑪ 财产保险费：是指施工管理用财产、车辆等的保险费用。

⑫ 财务费：是指企业为施工生产筹集资金或提供预付款担保、履约担保、职工工资支付担保等所发生的各种费用。

⑬ 税金：是指企业按规定缴纳的房产税、车船使用税、土地使用税、印花税等。

⑭ 其他：包括技术转让费、技术开发费、投标费、业务招待费、绿化费、广告费、公证费、法律顾问费、审计费、咨询费、保险费等。

(5) 利润：是指施工企业完成所承包工程获得的盈利。

(6) 规费：是指按国家法律、法规规定，由省级政府和省级有关权力部门规定必须缴纳或计取的费用，包括以下几方面。

① 社会保险费。

a. 养老保险费：是指企业按照规定标准为职工缴纳的基本养老保险费。

b. 失业保险费：是指企业按照规定标准为职工缴纳的失业保险费。

c. 医疗保险费：是指企业按照规定标准为职工缴纳的基本医疗保险费。

d. 生育保险费：是指企业按照规定标准为职工缴纳的生育保险费。

e. 工伤保险费：是指企业按照规定标准为职工缴纳的工伤保险费。

② 住房公积金：是指企业按规定标准为职工缴纳的住房公积金。

(7) 增值税：建筑安装工程费用中的增值税按税前造价乘以增值税税率确定。

① 采用一般计税方法时增值税的计算。

当采用一般计税方法时，建筑业增值税税率为 9%，其计算公式为

$$增值税=税前造价×9\%　　　　　　　　　　　(3-25)$$

税前造价为人工费、材料费、施工机具使用费、企业管理费、利润和规费之和，各项费用项目均以不包含增值税可抵扣进项税额的价格计算。

② 采用简易计税方法时增值税的计算。

简易计税的适用范围。根据《营业税改征增值税试点实施办法》《营业税改征增值税试点有关事项的规定》以及《关于建筑服务等营改增试点政策的通知》的规定，简易计税方法主要适用于以下几种情况。

a. 小规模纳税人发生应税行为，适用简易计税方法计税。小规模纳税人通常是指纳税人提供建筑服务的年应征增值税销售额未超过 500 万元，并且会计核算不健全，不能按规定报送有关税务资料的增值税纳税人。年应税销售额超过 500 万元但不经常发生应税行为的单位也可选择按照小规模纳税人计税。

b. 一般纳税人以清包工方式提供的建筑服务，可以选择适用简易计税方法计税。清包工方式提供的建筑服务，是指施工方不采购建筑工程所需的材料或只采购辅助材料，收取人工费、管理费或者其他费用的建筑服务。

c. 一般纳税人为甲供工程提供的建筑服务，可以选择适用简易计税方法计税。甲供工程是指全部或部分设备、材料、动力由工程发包方自行采购的建筑工程。其中建筑工程总承包单位为房屋建筑的地基与基础、主体结构提供工程服务，建设单位自行采购全部或部分钢材、混凝土、砌体材料、预制构件的，适用简易计税方法计税。

d. 一般纳税人为建筑工程老项目提供的建筑服务，可以选择适用简易计税方法计税。

建筑工程老项目：《建筑工程施工许可证》注明的合同开工日期在 2016 年 4 月 30 日前的建筑工程项目；未取得《建筑工程施工许可证》的，建筑工程承包合同注明的开工日期在 2016 年 4 月 30 日前的建筑工程项目。

简易计税的计算方法。当采用简易计税方法时，建筑业增值税税率为 3%，计算公式为

$$增值税=税前造价×3\%　　　　　　　　　　　(3-26)$$

税前造价为人工费、材料费、施工机具使用费、企业管理费、利润和规费之和，各项费用项目均以包含增值税进项税额的含税价格计算。

2) 建筑安装工程费用项目组成(按造价形成划分)

建筑安装工程费按照工程造价形成，由分部分项工程费、措施项目费、其他项目费、规费、税金组成，分部分项工程费、措施项目费、其他项目费包含人工费、材料费、施工机具使用费、企业管理费和利润组成。(见图3-3)

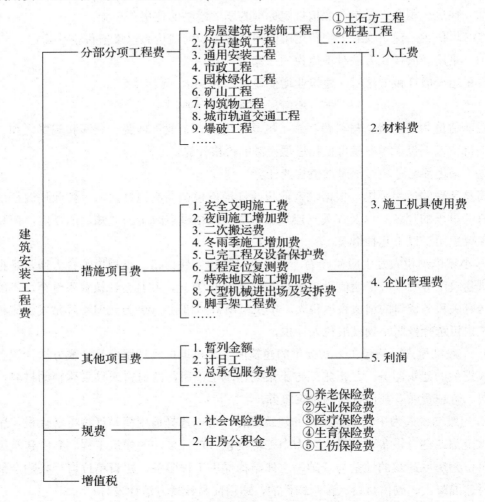

图 3-3　建筑安装工程费用项目组成(按造价形成划分)

(1) 分部分项工程费：是指各专业工程的分部分项工程应予列支的各项费用。

① 专业工程：是指按现行国家计量规范划分的房屋建筑与装饰工程、仿古建筑工程、通用安装工程、市政工程、园林绿化工程、矿山工程、构筑物工程、城市轨道交通工程、爆破工程等各类工程。

② 分部分项工程：是指按现行国家计量规范对各专业工程划分的项目。如房屋建筑与装饰工程划分的土石方工程、地基处理与桩基工程、砌筑工程、钢筋及钢筋混凝土工程等。

$$分部分项工程费=\sum(分部分项工程量×综合单价)$$

注：综合单价包括人工费、材料费、施工机具使用费、企业管理费和利润以及一定范围的风险费用。

(2) 措施项目费：是指为完成建设工程施工，发生于该工程施工前和施工过程中的技术、生活、安全、环境保护等方面的费用。其内容包括以下几方面。

① 安全文明施工费。

a. 环境保护费：是指施工现场为达到环保部门要求所需要的各项费用。

b. 文明施工费：是指施工现场文明施工所需要的各项费用。

c. 安全施工费：是指施工现场安全施工所需要的各项费用。

d. 临时设施费：是指施工企业为进行建设工程施工所必须搭设的生活和生产用的临时建筑物、构筑物和其他临时设施费用。它包括临时设施的搭设、维修、拆除、清理费或摊销费等。

② 夜间施工增加费：是指因夜间施工所发生的夜班补助费、夜间施工降效、夜间施工照明设备摊销及照明用电等费用。

③ 二次搬运费：是指因施工场地条件限制而发生的材料、构配件、半成品等一次运输不能到达堆放地点，必须进行二次或多次搬运所发生的费用。

④ 冬雨季施工增加费：是指在冬季或雨季施工需增加的临时设施、防滑、排除雨雪、人工及施工机械效率降低等费用。

⑤ 已完工程及设备保护费：是指竣工验收前，对已完工程及设备采取的必要保护措施所发生的费用。

⑥ 工程定位复测费：是指工程施工过程中进行全部施工测量放线和复测工作的费用。

⑦ 特殊地区施工增加费：是指工程在沙漠或其边缘地区、高海拔、高寒、原始森林等特殊地区施工增加的费用。

⑧ 大型机械设备进出场及安拆费：是指机械整体或分体自停放场地运至施工现场或由一个施工地点运至另一个施工地点，所发生的机械进出场运输及转移费用，以及机械在施工现场进行安装、拆卸所需的人工费、材料费、机械费、试运转费和安装所需的辅助设施的费用。

⑨ 脚手架工程费：是指施工需要的各种脚手架搭、拆、运输费用以及脚手架购置费的摊销(或租赁)费用。

⑩ 混凝土模板及支架(撑)费：是指混凝土施工过程中所需的各种钢模板、木模板、架等的支拆、运输费用，以及模板、支架的摊销(或租赁)费用。

⑪ 垂直运输费：是指现场所用材料、机具从地面运至相应高度，以及职工人员上、下工作面等所发生的运输费用。

⑫ 超高施工增加费。

⑬ 大型机械设备进出场及安拆费：是指机械整体或分体自停放场地运至施工现场或

由一个施工地点运至另一个施工地点,所发生的机械进出场运输、转移费用,以及机械在施工现场进行安装、拆卸所需的人工费、材料费、机具费、试运转费和安装所需的辅助设施的费用。

⑭ 施工排水、降水费:是指将施工期间有碍施工作业和影响工程质量的水排到施工场地以外,以及防止在地下水位较高的地区开挖深基坑出现基坑浸水,地基承载力下降,在动水压力作用下还可能引起流砂、管涌和边坡失稳等现象而必须采取有效的降水和排水措施费用。

⑮ 其他:根据项目的专业特点或所在地区不同,可能会出现其他措施项目,如工程定位复测费和特殊地区施工增加费等。

(3) 其他项目费。

① 暂列金额:是指建设单位在工程量清单中暂定并包括在工程合同价款中的一笔款项,用于施工合同签订时尚未确定或者不可预见的所需材料、工程设备、服务的采购,施工中可能发生的工程变更、合同约定调整因素出现时的工程价款调整,以及发生的索赔、现场签证确认等的费用。

② 暂估价:是指招标人在工程量清单中提供的用于支付必然发生但暂时不能确定价格的材料工程设备的单价以及专业工程的金额。

暂估价中的材料、工程设备暂估单价根据工程造价信息或参照市场价格估算,计入综合单价;专业工程暂估价分不同专业,按有关计价规定估算。暂估价在施工中按照合同约定再加以调整。

③ 计日工:是指在施工过程中,施工企业完成建设单位提出的施工图纸以外的零星项目或工作所需的费用。

④ 总承包服务费:是指总承包人为配合、协调建设单位进行的专业工程发包,对建设单位自行采购的材料、工程设备等进行保管以及施工现场管理、竣工资料汇总整理等服务所需的费用。

(4) 规费和税金。

规费和税金的构成和计算与按费用构成要素划分建筑安装工程费用项目组成部分相同。

3.1.6 工程计价方式

工程计价的顺序是:分部分项工程单价→单位工程造价→单项工程造价→建设项目总造价。

计算工程单价可以采取工料单价和综合单价两种方式。

1. 工料单价

工料单价也称直接工程费,是确定定额计量单位的分部分项工程的人工费、材料费和台班使用费的费用标准。

工料单价是由各建设行政主管部门或其授权的工程造价管理机构，一般以单位估价表的形式来发布的地区统一的消耗量定额，按照规定的计算方法以及该地区的工资单价、材料预算价格、机械台班单价来确定的，属于"量价合一"的现象。

工料单价的计算公式为

$$工料单价=人工费+材料费+机械台班使用费 \tag{3-27}$$
$$人工费=\sum(人工定额消耗量×人工工日单价) \tag{3-28}$$
$$材料费=\sum(材料定额消耗量×材料单价)+检验试验费 \tag{3-29}$$
$$机械台班使用费=\sum(机械台班使用定额消耗量×机械台班使用单价) \tag{3-30}$$

2. 综合单价

综合单价是指为了完成工程量清单中一个规定计量单位项目所需的人工费、材料费、机械使用费、管理费和利润，并考虑风险因素的汇总。

综合单价包括完成规定计量单位的合格产品所需的全部费用，考虑到我国的现实情况，综合单价包括除了规费、税金以外的全部费用。

综合单价的计算公式为

$$综合单价=工料单价+管理费+利润 \tag{3-31}$$

3.2 工程量清单

3.2.1 工程量清单概述

工程量清单是指表现拟建工程的分部分项工程项目、措施项目、其他项目名称和相应数量的明细清单。工程量清单是按照招标要求和施工设计图纸要求规定，将拟建招标工程的全部项目和内容，依据统一的工程量计算规则、统一的工程量清单项目编制规则要求进行计算的。拟建招标工程量清单是招标文件的组成部分，一经中标且签订合同，即成为合同的组成部分。

3.2.2 工程量清单的适用范围

(1) 使用国有资金投资的建设工程发承包，必须采用工程量清单计价。

(2) 非国有资金投资的建设工程，宜采用工程量清单计价。

(3) 不采用工程量清单计价的建设工程，应执行本规范除工程量清单等专门性规定外的其他规定。

3.2.3　工程量清单的内容及格式

招标工程量清单应由具有编制能力的招标人或受其委托具有相应资质的工程造价咨询人或招标代理人编制。招标工程量清单必须作为招标文件的组成部分，其准确性和完整性由招标人负责。招标工程量清单是工程清单计价的基础，应作为编制最高投标限价、投标报价、计算工程量、工程索赔等的依据之一。

工程量清单应由分部分项工程量清单、措施项目清单、其他项目清单、规费项目清单、税金项目清单组成。

工程量清单文件由工程量清单封面、总说明、分部分项工程量清单、单价措施项目清单、总价措施项目清单、其他项目清单、规费、税金项目计价表，以及主要材料、工程设备一览表等组成。

1. 分部分项工程量清单

分部分项工程项目清单必须载明项目编码、项目名称、项目特征、计量单位和工程量；分部分项工程项目清单必须根据各专业工程工程量计算规范规定的项目编码、项目名称、项目特征、计量单位和工程量计算规则进行编制。

1)　项目编码

分部分项工程量清单的项目编码，应采用十二位阿拉伯数字表示。各位数字的含义是：一、二位为专业工程代码(01→房屋建筑与装饰工程；02→仿古建筑工程；03→通用安装工程；04→市政工程；05→园林绿化工程；06→矿山工程；07→构筑物工程；08→城市轨道交通工程；09→爆破工程。以后进入国标的专业工程代码依此类推)；三、四位为附录分类顺序码；五、六位为分部工程顺序码；七、八、九位为分项工程项目名称顺序码；十至十二位为清单项目名称顺序码。应根据拟建工程的工程量清单项目名称设置，同一招标工程的项目编码不得有重码，如图 3-4 所示。

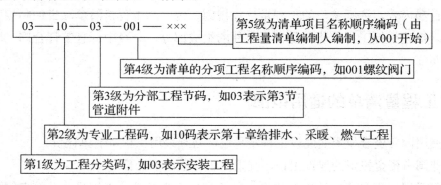

03 — 10 — 03 — 001 — ×××

第5级为清单项目名称顺序编码（由工程量清单编制人编制，从001开始）

第4级为清单的分项工程名称顺序编码，如001螺纹阀门

第3级为分部工程节码，如03表示第3节管道附件

第2级为专业工程码，如10码表示第十章给排水、采暖、燃气工程

第1级为工程分类码，如03表示安装工程

图 3-4　项目编码结构

当同一标段的一份工程量清单中含有多个单位工程且工程量清单是以单位工程为编制

对象时，在编制工程量清单时应特别注意对项目编码十至十二位的设置不得有重码的规定。例如，一个标段(或合同段)的工程量清单中含有两个单位工程，每一单位工程中都有项目特征相同的挖基坑土方，在工程量清单中又需反映两个不同单位工程的基坑土方工程量时，则第一个单位工程的挖基坑土方的项目编码应为 010101004001，第二个单位工程的挖基坑土方的项目编码应为 010101004002，并分别列出各单位工程挖基坑土方的工程量。

2)　项目名称

"项目名称"栏应按规范附录的项目名称结合拟建工程的实际情况确定。

3)　项目特征

工程量清单的项目特征是确定一个清单项目综合单价不可缺少的重要依据。在编制工程量清单时，必须对项目特征进行准确和全面的描述。在描述工程量清单项目特征时应按以下原则进行。

(1)　项目特征描述的内容应按附录中的规定，结合拟建工程的实际情况，能满足确定综合单价的需要。

(2)　若采用标准图集或施工图纸能够全部或部分满足项目特征描述的要求，项目特征描述可直接采用详见××图集或××图号的方式。对不能满足项目特征描述要求的部分，仍应用文字描述。

(3)　在进行项目特征描述时，可掌握以下要点。

①　对于涉及正确计量的内容、结构要求的内容、材质要求的内容和安装方式的内容，必须进行描述。如对于现浇混凝土梁中的混凝土类别、混凝土强度级别等就必须描述。

②　对于对计量计价没有实质影响的内容、应由投标人根据施工方案确定的内容、应由投标人根据当地材料和施工要求确定的内容和应由施工措施解决的内容，可不进行描述。

③　对于无法准确描述的内容、施工图纸和标准图集标注明确的内容等，可不详细进行描述。

4)　计量单位

计量单位应采用基本单位，除各专业另有特殊规定外，均按以下单位计量。

以重量计算的项目——吨或千克(t 或 kg)。

以体积计算的项目——立方米(m^3)。

以面积计算的项目——平方米(m^2)。

以长度计算的项目——米(m)。

以自然计量单位计算的项目——套、块、樘、组、台。

没有具体数量的项目——宗、项。

各专业有特殊计量单位的，再另外加以说明，当计量单位有两个或两个以上时，据所编工程量清单项目的特征要求，选择最适宜表现该项目特征并方便计量的单位。例如：门窗工程计量单位为"樘/m^2"两个计量单位，实际工作中，就应选择最适宜、最方便计量和组价的单位来表示。

计量单位的有效位数应遵守下列规定。

(1) 以"t"为单位，应保留三位小数，第四位小数四舍五入。

(2) 以"m³""m²""m""kg"为单位，应保留两位小数。

(3) 以"个""项"等为单位，应取整数。

5) 工程数量的计算

"工程量"应按相关工程国家计量规范规定的工程量计算规则计算填写。工程量计算规则是指对清单项目工程量计算的规定。除另有说明外，所有清单项目的工程量应以实体工程量为准，并以完成后的净值计算；投标人投标报价时，应在单价中考虑施工中的各种损耗和需要增加的工程量(见表 3-2)。

表 3-2   分部分项工程量清单与计价表

工程名称：   第 页 共 页

序号	项目编码	项目名称	项目特征描述	计量单位	工程量	金额(元)		
						综合单价	合价	其中：暂估价
本页小计								
合计								

2. 措施项目清单

1) 总价措施项目清单

措施项目清单中的安全文明施工费应按照国家或省级、行业建设主管部门的规定计价，不得作为竞争性费用。编制工程量清单时，表 3-3 中的项目可根据工程实际情况进行增减。

2) 单价措施项目清单

措施项目中可以计算工程量的项目(如脚手架工程，混凝土模板及支架，垂直运输，超高施工增加，大型机械设备进出场及安拆，施工排水、降水等)，这类措施项目为单价措施项目，按照分部分项工程项目清单的方式采用综合单价计价，同表 3-2。

3. 其他项目清单

其他项目清单是指"分部分项工程量清单"和"措施项目清单"所包含的内容以外，因招标人的特殊要求而发生的与拟建安装工程有关的其他费用项目和相应数量的清单。它主要包括暂列额、暂估价、计日工、总承包服务费，见表 3-4。

表 3-3 总价措施项目清单与计价表

工程名称：第 页 共 页

序 号	项目编码	项目名称	计算基础	费率(%)	金额(元)	调整费率(%)	调整后金额(元)	备 注
		安全文明施工费						
		夜间施工增加费						
		二次搬运费						
		冬雨季施工增加费						
		已完工程及设备保护费						
		……						
合计								

编制人(造价人员)：复核人(造价工程师)：

注：①"计算基础"中安全文明施工费可为"定额基价""定额人工费"或"定额人工费+定额机械费"，其他项目可为"定额人工费"或"定额人工费+定额机械费"。

②按施工方案计算的措施费，若无"计算基础"和"费率"的数值，也可只填"金额"数值，但应在备注栏说明施工方案出处或计算方法。

表 3-4 其他项目清单与计价汇总表

工程名称：第 页 共 页

序 号	项目名称	计量单位	金额(元)	备 注
1	暂列金额	项		
2	暂估价			
2.1	材料(工程设备)暂估价		—	
2.2	专业工程暂估价			
3	计日工			
4	总承包服务费			
5	……			
合计				

注：材料暂估单价计入清单项目综合单价，此处不汇总。

1) 暂列金额

暂列金额是招标人在工程量清单中暂定并包括在合同价款中的一笔款项，用于施工合同签订时尚未确定或者不可预见的所需材料、设备、服务的采购，施工中可能发生的工程变更、合同约定调整因素出现时的工程价款调整以及发生的索赔、现场签证确认等的费用。在实际履约过程中可能发生，也可能不发生。暂列金额可以按表 3-5 列出。

2) 暂估价

暂估价是招标人在工程量清单中提供的用于支付必然发生但暂时不能确定价格的材料、工程设备的单价以及专业工程的金额，包括材料(工程设备)暂估价和专业工程暂估价，其列出形式见表 3-6、表 3-7。

表 3-5 暂列金额明细表

工程名称：　　　　　　　　　　　　　　　　　　　　　　　　　第　页　共　页

序　号	项目名称	计量单位	暂定金额(元)	备　注
1				
2				
3				
…				
合计				

注：此表由招标人填写，如不能详列，也可只列暂定金额总数，投标人应将上述暂定金额计入投标总价中。

表 3-6 材料(工程设备)暂估价及调整表

工程名称：　　　　　　　　　　　　　　　　　　　　　　　　　第　页　共　页

序　号	材料(工程设备)名称、规格、型号	计量单位	数　量		暂估(元)		确认(元)		差额±(元)		备　注
			暂估	确认	单价	合价	单价	合价	单价	合价	
合计											

注：此表由招标人填写"暂估单价"，并在备注栏说明暂估价的材料、工程设备拟用在哪些清单项目上，投标人应将上述材料、工程设备暂估单价计入工程量清单综合单价报价中。

表 3-7 专业工程暂估价及结算表

工程名称：　　　　　　　　　　　　　　　　　　　　　　　　　第　页　共　页

序　号	工程名称	工程内容	暂估金额(元)	结算金额(元)	差额±(元)	备　注
合计						

注：此表"暂估金额"由招标人填写，投标人应将"暂估金额"计入投标总价中。结算时按合同约定结算金额填写。

3) 计日工

计日工是在施工过程中，承包人完成发包人提出的施工图纸以外的零星项目或工作，按合同中约定的综合单价计价的一种方式。其列出形式见表3-8。

表3-8 计日工表

工程名称： 　　　　　　　　　　　　　　　　　　　　　　　第 页 共 页

编 号	项目名称	单 位	暂定数量	实际数量	综合单价(元)	合价(元)	
						暂 定	实 际
一	人工						
1							
2							
…							
人工小计							
二	材料						
1							
2							
…							
材料小计							
三	施工机械						
1							
2							
…							
施工机械小计							
四	企业管理费和利润						
总计							

注：此表项目名称、暂定数量由招标人填写，编制招标控制价时，单价由招标人按有关计价规定确定；投标时，单价由投标人自主报价，按暂定数量计算合价计入投标总价中；结算时，按发承包双方确认的实际数量计算合价。

4) 总承包服务费

总承包服务费是总承包人为配合协调发包人进行的专业工程分包，发包人自行采购的设备、材料等进行保管以及施工现场管理、竣工资料汇总整理等服务所需的费用。其列出形式见表3-9。

4. 规费、税金项目清单

规费项目清单应按照下列内容列项：社会保险费，包括养老保险费、失业保险费、医疗保险费、工伤保险费、生育保险费，住房公积金。出现计价规范中未列出的项目，应根据省级政府或省级有关权力部门的规定列项。

税金项目主要是指增值税，出现计价规范未列的项目，应根据税务部门的规定列项。

表 3-9　总承包服务费计价表

工程名称：　　　　　　　　　　　　　　　　　　　　　　　　　　　　　第　页　共　页

序　号	项目名称	项目价值(元)	服务内容	计算基础	费率(%)	金额(元)
1	发包人发包专业工程					
2	发包人提供材料					
…						
合计		—	—		—	

注：此表项目名称、服务内容由招标人填写，编制招标控制价时，费率及金额由招标人按有关计价规定确定；投标时，费率及金额由投标人自主报价，计入投标总价中。

3.2.4　工程量清单下的合同类型

按照价格形式将合同分为单价合同、总价合同以及其他价格形式合同。

不同合同类型的特征、风险及适用范围的分析如表 3-10 所示。

表 3-10　工程量清单下的合同类型分析

	总价合同	单价合同	其他价格形式合同
定义	总价合同是指合同当事人约定以施工图、已标价工程量清单或预算书及有关条件进行合同价格计算、调整和确认的建设工程施工合同，在约定的范围内合同总价不作调整	单价合同是指合同当事人约定以工程量清单及其综合单价进行合同价格计算、调整和确认的建设工程施工合同，在约定的范围内合同单价不作调整	合同当事人可在专用合同条款中约定其他合同价格形式。如成本加酬金与定额计价以及其他合同类型
风险分担	合同当事人应在专用合同条款中约定总价包含的风险范围和风险费用的计算方法，并约定风险范围以外的合同价格的调整方法，其中因市场价格波动引起的调整按《建设工程施工合同(示范文本)》(GF—2017—0201)约定执行	合同当事人应在专用合同条款中约定综合单价包含的风险范围和风险费用的计算方法，并约定风险范围以外的合同价格的调整方法，其中因市场价格波动引起的调整按《建设工程施工合同(示范文本)》(GF—2017—0201)约定执行	
适用条件	技术简单、规模偏小、工期较短的项目，且施工图设计已审查批准的，可采用总价合同	实行工程量清单计价的工程，应采用单价合同	紧急抢险、救灾以及施工技术特别复杂的，可采用成本加酬金的合同

表 3-11 为 2013 年版《工程量清单计价规范》工程价款风险分担表。

表 3-11　2013 年版《工程量清单计价规范》工程价款风险分担一览表

序　号	风险事项	承担方	风险费用分担机制
1	法律法规变化	业主	基准日期之后国家的法律、法规、规章和政策发生变化引起工程造价增减变化的，发、承包双方应当按照省级或行业建设主管部门或其授权的工程造价管理机构据此发布的规定调整合同价款
2	工程变更	业主	工程量变更引起已标价工程量清单项目或工程数量变化施工方案改变因此措施项目发生变化的，按变更三原则确定综合单价调整合同价款
3	项目特征描述	业主	发包人在招标工程量清单中对项目特征的描述应被认为是准确和全面的，承包商应按照图纸施工。若施工图纸与项目特征描述不符，业主应承担该风险导致的损失
4	工程量清单缺项	业主	合同履行期间，由于招标工程量清单中缺项，新增分部分项工程清单项目的，应按照第 9.3.1 条规定确定单价，调整合同价款
5	工程量偏差	业主+承包商	业主承担工程量偏差±15%以外引起的价款调整风险，承包商承担±15%以内的风险
6	物价变化	业主+承包商	发包人应承担 5%以外的材料价格风险、10%以外的施工机械使用费的风险；承包人可承担 5%以内的材料价格风险、10%以内的施工机械使用费的风险
7	不可抗力	业主+承包商	工程损失，业主承担；各自损失，各自承担；不可抗力解除后复工，业主要求赶工的，业主承担增加费用；解除合同，业主支付已完工程款。承包商的工人工资由业主承担
8	提前竣工	业主	发包人要求合同工程提前竣工，应征得承包人同意后与承包人商定采取加快工程进度的措施，并修订合同工程进度计划。发包人应承担承包人由此增加的提前竣工(赶工补偿)费
9	误期赔偿	承包商	合同工程发生误期，承包人应赔偿发包人由此造成的损失，并按照合同约定向发包人支付误期赔偿费
10	索赔	业主+承包商	承包人认为非承包人原因发生的事件造成了承包人的损失，可向发包人提出索赔；发包人认为由于承包人的原因造成发包人的损失，可向发包人提出索赔

3.3　工程量清单计价

3.3.1　工程量清单计价的一般规定

关于工程量清单计价的一般规定如下。

(1) 采用工程量清单计价，建设工程造价由分部分项工程费、措施项目费、其他项目费、规费和税金组成，如图 3-5 所示。

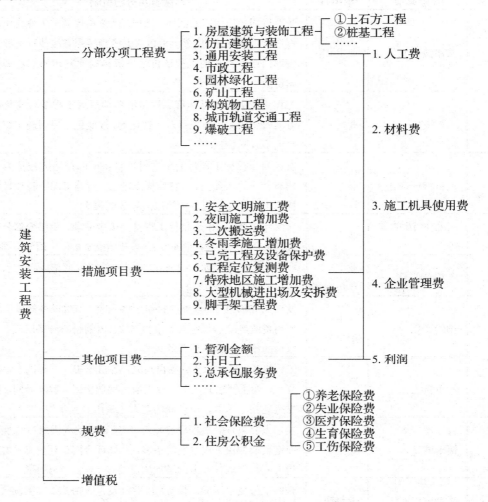

图 3-5 建筑安装工程费用项目组成(按造价形成划分)

(2) 分部分项工程量清单应采用综合单价计价。综合单价计算公式为

$$综合单价=人工费+材料费+机械费+管理费+利润+由投标人承担的风险费用+项目清单中的材料暂估价 \qquad (3-32)$$

根据我国工程建设的特点，投标人应完全承担的风险是技术风险和管理风险，如管理费和利润；应有限度承担的风险是市场风险，如材料价格、施工机械使用费等的风险；应完全不承担的风险是法律、法规、规章和政策变化的风险。所以综合单价中不包含规费和税金。材料价格的风险宜控制在 5%以内，施工机械使用费的风险可控制在 10%以内，超过者予以调整。

(3) 招标文件中的工程量清单标明的工程量是投标人投标报价的共同基础，竣工结算的工程量按发、承包双方在合同中约定应予计量且实际完成的工程量确定。

(4) 措施项目清单计价应根据拟建工程的施工组织设计,可以计算工程量的措施项目,应按分部分项工程量清单的方式采用综合单价计价;其余的措施项目可以"项"为单位的方式计价,应包括除规费、税金外的全部费用。

(5) 措施项目清单中的安全文明施工费应按照国家或省级、行业建设主管部门的规定计价,不得作为竞争性费用。

(6) 其他项目清单应根据工程特点和《建设工程工程量清单计价规范》的规定计价。

(7) 招标人在工程量清单中提供了暂估价的材料和专业工程属于依法必须招标的,由承包人和招标人共同通过招标确定材料单价与专业工程分包价。

若材料不属于依法必须招标的,经发、承包双方协商确认单价后计价。

若专业工程不属于依法必须招标的,由发包人、总承包人与分包人按有关计价依据进行计价。

(8) 规费和税金应按国家或省级、行业建设主管部门的规定计算,不得作为竞争性费用。

(9) 采用工程量清单计价的工程,应在招标文件或合同中明确风险内容及其范围(幅度),不得采用无限风险、所有风险或类似语句规定风险内容及其范围(幅度)。

招标人自行编制工程量清单时,由招标人的工程造价专业人员编制。招标人盖单位公章,法定代表人或其授权人签字或盖章。编制人是造价工程师的,由其签字盖执业专用章;编制人是造价员的,在编制人栏签字盖专用章,应由造价工程师复核,并在复核人栏签字盖执业专用章。

招标人委托工程造价咨询人编制工程量清单时,由工程造价咨询人的工程造价专业人员编制。工程造价咨询人盖单位资质专用章,法定代表人或其授权人签字或盖章。编制人是造价工程师的,由其签字盖执业专用章;编制人是造价员的,在编制人栏签字盖专用章,应由造价工程师复核,并在复核人栏签字盖执业专用章。

3.3.2　招标控制价

1. 一般规定

国有资金投资的建设工程招标,招标人必须编制招标控制价。

招标控制价应由具有编制能力的招标人或受其委托具有相应资质的工程造价咨询人编制和复核。

工程造价咨询人接受招标人委托编制招标控制价的,不得再就同一工程接受投标人委托编制投标报价。

招标控制价应按照清单计价规范的规定编制,不应上调或下浮。

当招标控制价超过批准的概算时,招标人应将其报原概算审批部门审核。

招标人应在发布招标文件时公布招标控制价，同时应将招标控制价及有关资料报送工程所在地或有该工程管辖权的行业管理部门工程造价管理机构备查。

2. 招标控制价的编制

招标控制价应根据下列依据编制招标。

(1) 建设工程量清单计价规范。

(2) 国家或省级、行业建设主管部门颁发的计价定额和计价办法。

(3) 建设工程设计文件及相关资料。

(4) 拟定的招标文件及招标工程量清单。

(5) 与建设项目相关的标准、规范、技术资料。

(6) 施工现场情况、工程特点及常规施工方案。

(7) 工程造价管理机构发布的工程造价信息，当工程造价信息没有发布时，参照市场价。

(8) 其他相关资料。

综合单价中应包括招标文件中划分的应由投标人承担的风险范围及其费用。招标文件中没有明确规定的，如是工程造价咨询人编制，应提请招标人明确；如是招标人编制，应由招标人予以明确。

3. 其他项目

其他项目应按下列规定计价。

(1) 暂列金额应按招标工程量清单中列出的金额填写。

(2) 暂估价中的材料、工程设备单价应按招标工程量清单中列出的单价计入综合单价。

(3) 暂估价中的专业工程金额应按招标工程量清单中列出的金额填写。

(4) 计日工应按招标工程量清单中列出的项目根据工程特点和有关计价依据确定综合单价计算。

(5) 总承包服务费应根据招标工程量清单列出的内容和要求估算。

4. 投诉与处理

(1) 投标人经复核认为招标人公布的招标控制价未按照本规范的规定进行编制的，应当在招标控制价公布后5天内向招投标监督机构和工程造价管理机构投诉。(提交书面投诉书)

(2) 工程造价管理机构在接到投诉书后应在二个工作日内进行审查，应当在受理投诉的十天内(特殊情况下可适当延长)完成复查，并作出书面结论通知投诉人、被投诉人及负责该工程招投标监督的招投标管理机构。

(3) 当招标控制价复查结论与原公布的招标控制价误差>±3%的，应当责成招标人改正。

(4) 招标人根据招标控制价复查结论，需要修改公布的招标控制价的，且最终招标控制价的发布时间至投标截止时间不足十五天的，应当延长投标文件的截止时间。

3.3.3 投标价

投标人应按招标人提供的工程量清单填报价格。填写的项目编码、项目名称、项目特征、计量单位、工程量必须与招标人提供的一致。投标报价不得低于工程成本。

(1) 投标报价应根据下列依据编制和复核。

① 本规范。

② 国家或省级、行业建设主管部门颁发的计价办法。

③ 企业定额，国家或省级、行业建设主管部门颁发的计价定额和计价办法。

④ 招标文件、招标工程量清单，及其补充通知、答疑纪要。

⑤ 建设工程设计文件及相关资料。

⑥ 施工现场情况、工程特点，及投标时拟订的施工组织设计或施工方案。

⑦ 与建设项目相关的标准、规范等技术资料。

⑧ 市场价格信息或工程造价管理机构发布的工程造价信息。

⑨ 其他相关资料。

(2) 综合单价中应包括招标文件中划分的应由投标人承担的风险范围及其费用，招标文件中没有明确规定的，应提请招标人明确。措施项目中的总价项目金额应根据招标文件及投标时拟订的施工组织设计或施工规定自主确定。

(3) 其他项目应按下列规定报价。

① 暂列金额应按招标工程量清单中列出的金额填写。

② 材料、工程设备暂估价应按招标工程量清单中列出的单价计入综合单价。

③ 专业工程暂估价应按招标工程量清单中列出的金额填写。

④ 计日工应按招标工程量清单中列出的项目和数量，自主确定综合单价并计算计日工金额。

⑤ 总承包服务费应根据招标工程量清单中列出的内容和提出的要求自主确定。

⑥ 投标总价应当与分部分项工程费、措施项目费、其他项目费和规费、税金的合计金额一致。

3.3.4 工程合同价款的约定

(1) 实行招标的工程合同价款应在中标通知书发出之日起 30 天内，由发、承包人双方依据招标文件和中标人的投标文件在书面合同中约定。合同约定不得违背招标、投标文件中关于工期、造价、质量等方面的实质性内容。招标文件与中标人投标文件不一致的地方，应以投标文件为准。

不实行招标的工程合同价款，在发、承包人双方认可的工程价款基础上，由发、承包人双方在合同中约定。

实行工程量清单计价的工程，宜采用单价合同。建设规模较小、技术难度较低、工期较短，且施工图设计已审查批准的建设工程可采用总价合同；紧急抢险、救灾以及施工技术特别复杂的建设工程可采用成本加酬金合同。

(2) 发、承包人双方应在合同条款中对下列事项进行约定；合同中没有约定或约定不明的，由双方协商确定；协商不能达成一致的按规范执行。

① 预付工程款的数额、支付时间及抵扣方式。

② 工程计量与支付工程进度款的方式、数额及时间。

③ 工程价款的调整因素、方法、程序、支付及时间。

④ 索赔与现场签证的程序、金额确认与支付时间。

⑤ 违约责任以及发生合同价款争议的解决方法及时间；与履行合同、支付价款有关的其他事项等。

⑥ 承担风险的内容、范围，以及超出约定内容、范围的调整办法。

⑦ 工程竣工价款结算编制与核对、支付及时间。

⑧ 工程质量保证(保修)金的数额、预扣方式及时间。

⑨ 安全文明施工措施的支付计划、使用要求等。

3.3.5　工程计量与价款支付

(1) 发包人应按照合同约定支付工程预付款。支付的工程预付款，按照合同约定在工程进度中抵扣。

(2) 发包人支付工程进度款，应按照合同约定计量和支付，支付周期同计量周期。

(3) 工程计量时，若发现工程量清单中出现漏项、工程量计算偏差，以及工程变更引起工程量的增减，应按承包人在履行合同义务过程中实际完成的工程量计算。

(4) 承包人应当按照合同约定的计量周期和时间向发包人提交当期已完工程量报告。发包人应在收到报告后 7 天内核实，并将核实计量结果通知承包人。发包人未在约定时间内进行核实的，承包人提交的计量报告中所列的工程量应视为承包人实际完成的工程量。当发包人认为需要进行现场计量核实时，应在计量前 24 小时通知承包人，承包人应为计量提供便利条件并派人参加。当双方均同意核实结果时，双方应在上述记录上签字确认。承包人收到通知后不派人参加计量，视为认可发包人的计量核实结果。发包人不按照约定时间通知承包人，致使承包人未能派人参加计量，计量核实结果无效。当承包人认为发包人核实后的计量结果有误时，应在收到计量结果通知后的 7 天内向发包人提出书面意见，并应附上其认为正确的计量结果和详细的计算资料。发包人收到书面意见后，应在 7 天内对承包人的计量结果进行复核后通知承包人。承包人对复核计量结果仍有异议的，按照合同约定的争议解决办法处理。

(5) 承包人应在每个付款周期末，向发包人递交进度款支付申请，并附相应的证明文件。除合同另有约定外，进度款支付申请应包括下列内容。

① 本周期已完成工程的价款。

② 累计已完成的工程价款。

③ 累计已支付的工程价款。

④ 本周期已完成计日工金额。

⑤ 应增加和扣减的变更金额。

⑥ 应增加和扣减的索赔金额。

⑦ 应抵扣的工程预付款。

⑧ 应扣减的质量保证金。

⑨ 根据合同应增加和扣减的其他金额。

⑩ 本付款周期实际应支付的工程价款。

(6) 发包人在收到承包人递交的工程进度款支付申请及相应的证明文件后，应在合同约定时间内核对和支付工程进度款。发包人应扣回的工程预付款，与工程进度款同期结算抵扣。

(7) 发包人未在合同约定时间内支付工程进度款，承包人应及时向发包人发出要求付款的通知，发包人收到承包人通知后仍不按要求付款，可与承包人协商签订延期付款协议，经承包人同意后延期支付。协议应明确延期支付的时间和从付款申请生效后按同期银行贷款利率计算应付款的利息。

(8) 发包人不按合同约定支付工程进度款，双方又未达成延期付款协议，导致施工无法进行时，承包人可停止施工，由发包人承担违约责任。

3.3.6　工程价款调整

发承包双方按照合同约定调整合同价款的若干事项，可以分为五类：①法规变化类，主要包括法律法规变化事件；②工程变更类，主要包括工程变更、工程量清单缺项、工程量偏差、计日工等事件；③物价变化类，主要包括物价波动、暂估价事件；④工程索赔类，主要包括不可抗力、提前竣工(赶工补偿)、误期赔偿、索赔等事件；⑤其他类，主要包括现场签证以及发承包双方约定的其他调整事项，现场签证根据签证内容，有的可归于工程变更类，有的可归于索赔类，有的可能不涉及合同价款调整。

经发、承包双方确认调整的合同价款，作为追加合同价款，应与工程进度款或结算款同期支付。

1. 法律法规变化

招标工程以投标截止到日前 28 天，非招标工程以合同签订前 28 天为基准日，其后国家的法律、法规、规章和政策发生变化影响工程造价的，应按省级或行业建设主管部门或其授权的工程造价管理机构发布的规定调整合同价款。

2. 工程变更

(1) 因分部分项工程量清单漏项或非承包人原因的工程变更，造成增加(或减少)的新的工程量清单项目，其对应的综合单价按下列方法确定。

① 合同中已有适用的综合单价，按合同中已有的综合单价确定。但当工程变更导致该清单项目的工程数量发生变化，当工程量增加 15%以上时，增加部分的工程量的综合单价应予调低；当工程量减少 15%以上时，减少后剩余部分的工程量的综合单价应予调高。

② 合同中有类似的综合单价，参照类似的综合单价确定。

③ 合同中没有适用或类似的综合单价，由承包人提出综合单价，经发包人确认后执行。

承包人报价浮动率可按下列公式计算：

招标工程：承包人报价浮动率 $L=(1-中标价/招标控制价)\times100\%$

非招标工程：承包人报价浮动率 $L=(1-报价/施工图预算)\times100\%$

④ 已标价工程量清单中没有适用也没有类似于变更工程项目，且工程造价管理机构发布的信息价格缺价的，应由承包人根据变更工程资料、计量规则、计价办法和通过市场调查等取得有合法依据的市场价格提出变更工程项目的单价，并应报发包人确认后调整。

⑤ 因分部分项工程量清单漏项或非承包人原因的工程变更，引起措施项目发生变化，造成施工组织设计或施工方案变更，原措施费中已有的措施项目，按原有措施费的组价方法调整；原措施费中没有的措施项目，由承包人根据措施项目变更情况，提出适当的措施费变更，经发包人确认后调整。

(2) 项目特征不符。

若施工中出现施工图纸(含设计变更)与工程量清单项目特征描述不符的，且该变化引起该项目工程造价增减变化的，应按实际施工的项目特征，按本规范相关条款的规定重新确定相应工程量清单项目的综合单价，并调整合同价款。

(3) 工程量清单缺项。

由于招标工程量清单中措施项目缺项，承包人应将新增措施项目实施方案提交发包人批准后，按照清单计价规范有关工程变更的规定调整合同价款。工程量偏差价款调整同工程变更规定。

(4) 计日工。

① 任一计日工项目持续进行时，承包人应在该项工作实施结束后的 24 小时内向发包人提交有计日工记录汇总的现场签证报告一式三份。发包人在收到承包人提交现场签证报告后的 2 天内予以确认并将其中一份返还给承包人，作为计日工计价和支付的依据。发包

人逾期未确认也未提出修改意见的，应视为承包人提交的现场签证报告已被发包人认可。

② 任一计日工项目实施结束后，承包人应按照确认的计日工现场签证报告核实该类项目的工程数量，并应根据核实的工程数量和承包人已标价工程量清单中的计日工单价计算，提出应付价款；已标价工程量清单中没有该类计日工单价的，由发、承包双方按清单计价规范工程变更的规定商定计日工单价计算。

3. 物价变化

承包人采购材料和工程设备的，应在合同中约定主要材料、工程设备价格变化的范围或幅度；当没有约定，且材料、工程设备单价变化超过 5%时，超过部分的价格应按照清单规范附录 A 的方法计算调整材料、工程设备费。

发生合同工程工期延误的，应按照下列规定确定合同履行期的价格调整：①因非承包人原因导致工期延误的，计划进度日期后续工程的价格，应采用计划进度日期与实际进度日期两者的较高者。②因承包人原因导致工期延误的，计划进度日期后续工程的价格，应采用计划进度日期与实际进度日期两者的较低者。

4. 不可抗力事件

因不可抗力事件导致的费用，发、承包双方应按以下原则分别承担并调整工程价款。

(1) 永久工程、已运至施工现场的材料和工程设备的损坏，以及因工程损坏造成的第三人人员伤亡和财产损失由发包人承担。

(2) 承包人施工设备的损坏由承包人承担。

(3) 发包人和承包人承担各自人员伤亡和财产的损失。

(4) 因不可抗力影响承包人履行合同约定的义务，已经引起或将引起工期延误的，应当顺延工期，由此导致承包人停工的费用损失由发包人和承包人合理分担，停工期间必须支付的工人工资由发包人承担。

(5) 因不可抗力引起或将引起工期延误，发包人要求赶工的，由此增加的赶工费用由发包人承担。

(6) 承包人在停工期间按照发包人要求照管、清理和修复工程的费用由发包人承担。

3.3.7　竣工结算总价

(1) 合同工程完工后，承包人应在经发、承包双方确认的合同工程期中价款结算的基础上汇总编制完成竣工结算文件，应在提交竣工验收申请的同时向发包人提交竣工结算文件。承包人未在合同约定的时间内提交竣工结算文件，经发包人催告后 14 天内仍未提交或没有明确答复的，发包人有权根据已有资料编制竣工结算文件，作为办理竣工结算和支付结算款的依据，承包人应予以认可。

(2) 发包人应在收到承包人提交的竣工结算文件后的 28 天内核对。发包人经核实，认为承包人应进一步补充资料和修改结算文件，应在上述时限内向承包人提出核实意见，承包人在收到核实意见后28天内应按照发包人提出的合理要求补充资料，修改竣工结算文件，并应再次提交给发包人复核后批准。

(3) 发包人在收到承包人竣工结算文件后的28天内，不核对竣工结算或未提出核对意见的，应视为承包人提交的竣工结算文件已被发包人认可，竣工结算办理完毕。承包人在收到发包人提出的核实意见后的28天内，不确认也未提出异议的，应视为发包人提出的核实意见已被承包人认可，竣工结算办理完毕。

3.4　案　例　分　析

3.4.1　案例1——定额应用

1. 背景

某毛石护坡砌筑工程，定额测定资料如下。

(1) 完成每立方米毛石砌体的基本工作时间为8小时。

(2) 辅助工作时间、准备与结束时间、不可避免中断时间和休息时间等，分别占毛石砌体工作延续时间的3%、2%、2%和13%；普工、一般技工、高级技工的工日消耗比例测定为2∶7∶1。

(3) 每10m³毛石砌体需要M5水泥砂浆3.93m³、毛石11.22m³、水0.79m³。

(4) 每10m³毛石砌体需要200L砂浆搅拌机0.66台班。

(5) 该地区相关资源现行的除税价格如下。

人工工日单价为：普工60元/工日，一般技工80元/工日，高级技工110元/工日。

M5水泥砂浆单价为120元/m³；毛石单价为58元/m³；水单价为5元/m³；200L砂浆搅拌机台班单价为51.41元/台班。

2. 问题

(1) 确定砌筑每立方米毛石护坡的人工时间定额和产量定额。

(2) 若预算定额的其他用工占基本用工的12%，试编制该分项工程的预算工料机单价。

(3) 若毛石护坡砌筑砂浆变更为M10水泥砂浆，该砂浆现行单价为130元/m³(除税价格)，定额消耗量不变，应如何换算毛石护坡单价？换算后的单价是多少？

3. 答案

(1)

① 人工时间定额的确定。

假定砌筑每立方米毛石护坡的工作延续时间为 X，则

$$X = 8 + (3\% + 2\% + 2\% + 13\%)X$$

$$X = 8 + 20\%X$$

$$X = \frac{8}{1 - 20\%} = 10(小时)$$

每个工日按8小时计算，则

$$人工时间定额 = \frac{10}{8} = 1.25(工日/m^3)$$

$$\frac{1}{1.25} = 0.8(m^3/工日)$$

② 　产量定额 $= 1.25 \times (1 + 12\%) \times 10$

$\qquad\qquad = 14(工日/10m^3)$

(2)

预算定额的人工消耗指标=基本用工+其他用工

基本用工=人工时间定额

则预算定额的人工消耗指标=基本用工×(1+其他用工比例)×定额计量单位

预算人工费 $= 14 \times (0.2 \times 60 + 0.7 \times 80 + 0.1 \times 110) = 1106(元/10m^3)$

预算材料费 $= 3.93 \times 120 + 0.79 \times 5 + 11.22 \times 58 = 471.6 + 3.95 + 650.76$

$\qquad\qquad = 1126.31(元/10m^3)$

机械费 $= 0.66 \times 51.41 = 33.93(元/m^3)$

(3)

该分项工程预算定额除税单价 $= 1106 + 1126.31 + 33.93 = 2266.24(元/10m^3)$

换算后的除税单价 = M5毛石护坡单价 + 砂浆用量×(M10单价 - M5单价)

$\qquad\qquad = 2266.24 + 3.93 \times (130 - 120) = 2305.54(元/10m^3)$

3.4.2　案例2——周转材料消耗量

1. 背景

某现浇钢筋混凝土梁，根据选定的图纸，计算出每 $10m^3$ 构件模板接触面积为 $85m^2$。每 $10m^2$ 模板所需板材用量为 $1.063m^3$，模板制作损耗率为 5%。周转使用次数为 10 次，每次周转补损率为 15%。

2. 问题

试计算模板摊销量。

3. 答案

$$一次使用量 = \frac{每10m^3混凝土构件模板的接触面积×每m^2接触面积模板板材净用量}{1 - 模板制作损耗率}$$

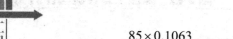
$$= \frac{85 \times 0.1063}{1 - 0.05} = 9.511 (\text{m}^3)$$

周转使用量＝一次使用量$\times \dfrac{1 + (\text{周转次数} - 1) \times \text{补损率}}{\text{周转次数}} = 9.511 \times \dfrac{1 + (10 - 1) \times 0.15}{10} = 2.235 (\text{m}^3)$

回收量＝一次使用量$\times \dfrac{1 - \text{补损率}}{\text{周转次数}} = 9.511 \times \dfrac{1 - 0.15}{10} = 0.808 (\text{m}^3)$

摊销量＝周转使用量－回收量＝2.235 − 0.808 ＝ 1.427 (m³)

3.4.3 案例3——清单编制

1. 背景

某工程基础平面图及断面图如图3-6所示。

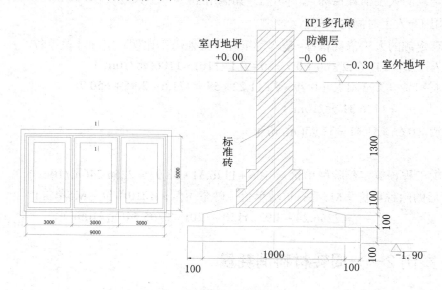

图3-6 基础平面图及断面图

(1) 土壤为三类土，按施工组织设计要求，基槽和房心回填土在槽边堆放，余土外运，运距为5km。

(2) ±0.000以下采用MU10普通黏土砖，M5.0水泥砂浆砌筑，±0.000以上采用MU10多孔砖，M5水泥石灰砂浆砌筑，−0.06m处设墙基防潮层为1:2.5水泥砂浆。

(3) 基础为C20钢筋混凝土条形基础，C10混凝土垫层。

2. 问题

(1) 编制平整场地、挖基础土方工程量清单。

(2) 编制基础砌体的工程量清单。

(3) 编制条形基础混凝土工程量清单。

3. 答案

(1)

① 平整场地工程量：$S=(9+0.12×2)×(5+0.12×2)=9.24×5.24=48.42(m^2)$

② 挖基础土方工程量

基槽长度：$L_{外}=(9+5)×2=28.0(m)$；$L_{内}=(5-0.6×2)×2=7.6(m)$

垫层宽度：$B=1.20(m)$

挖土深度：$h=1.90-0.30=1.60(m)$

清单工程量：$V=(28+7.6)×1.2×1.6=68.35(m^3)$

③ 编制分部分项工程量清单，如表 3-12 所示。

表 3-12　分部分项工程量清单

工程名称：×××工程

序　号	项目编码	项目名称	计量单位	工程数量
1	010101001001	平整场地	m^2	48.42
2	010101003001	挖基础土方 土壤类别：三类土 基础类型：砖基础 垫层底宽：1200mm 挖土深度：1.6m 弃土运距：5km	m^3	68.35

(2) 外墙长度：$L_{外}=(9+5)×2=28(m)$；内墙长度：$L_{内}=(5-0.12×2)×2=9.52(m)$

查表两层等高式砖基础大放脚折加高度：0.197(m)

基础砌体工程量清单：$V=(28+9.52)×0.24×(1.3+0.3-0.06+0.197)=15.64(m^3)$

编制分部分项工程量清单，如表 3-13 所示。

表 3-13　分部分项工程量清单

工程名称：×××工程

序　号	项目编码	项目名称	计量单位	工程数量
1	010301001001	基础砌体： 1. 基础形式：砖基础 2. 砖品种、规格：MU10 普通黏土砖 3. M5.0 水泥砂浆 4. 砖基础深度：1.6m 5. 1：2.5 水泥砂浆防潮层	m^3	15.64

(3) 外墙基础长：$L_{外}=(9+5)×2=28(m)$；内墙基础长：$L_{内}=(5-0.5×2)×2=8.0(m)$

1—1 剖面面积：$S_1=1×0.1=0.1(m^2)$

$$S_2=[1+0.24+(0.05+0.0625\times2)\times2]\times0.1\div2=0.08(\text{m}^2)$$

内外墙基础混凝土：$V_1=(S_1+S_2)\times(L_\text{外}+L_\text{内})$

$$=(0.1+0.08)\times(28+8)=6.48(\text{m}^3)$$

内外墙交接处混凝土：$L_\text{D}=0.5-0.12-0.0625\times2-0.05=0.205(\text{m})$

$$b=0.24+0.0625\times4+0.05\times2=0.59(\text{m})$$

$V_\text{D}=4L_\text{D}\times H_\text{D}\times(2b+B)/6=4\times0.205\times0.1\times(2\times0.59+1)=0.179(\text{m}^3)$

所以条形基础混凝土工程量清单：$V=V_1+V_\text{D}=6.48+0.179\approx6.66(\text{m}^3)$

编制分部分项工程量清单如表 3-14 所示。

表 3-14　分部分项工程量清单

工程名称：××工程

序　号	项目编码	项目名称	计量单位	工程数量
1	010401001001	1. 基础形式：条形基础 2. C10 混凝土垫层 3. C20 混凝土基础	m³	6.66

3.4.4　案例4——机械消耗量

1. 背景

某沟槽长 335.1m，底宽为 3m，室外地坪设计标高为-0.3m，槽底标高为-3m，无地下水，放坡系数为 1：0.67，沟槽两端不放坡，采用挖斗容量为 0.5m³ 的反铲挖掘机挖土，载重量为 5t 的自卸汽车将开挖土方量的 60% 运走，运距为 3km，其余土方量就地堆放。经现场测试的有关数据如下。

(1) 假设土的松散系数为 1.2，松散状态容重为 1.65t/m³。

(2) 假设挖掘机的铲斗充盈系数为 1.0，每循环一次时间为 2min，机械时间利用系数为 0.85。

(3) 自卸汽车每次装卸往返需 24min，时间利用系数为 0.80。

注："时间利用系数"仅限于计算台班产量时使用。

2. 问题

(1) 该沟槽土方工程开挖量为多少？

(2) 所选挖掘机、自卸汽车的台班产量是多少？

(3) 所需挖掘机、自卸汽车各多少个台班？

(4) 如果要求在 11 天内土方工程完成，至少需要多少台挖掘机和自卸汽车？

3. 答案

(1) 沟槽土方工程开挖量

$V=335.1m×[3m+0.67×(3m-0.3m)]×(3m-0.3m)=4351.04m^3$

(2)

① 挖掘机台班产量

每小时循环次数：60/2=30(次)

每小时生产率：30×0.5×1=15(m^3/小时)

每台班产量：15×8×0.85=102(m^3/台班)

② 自卸汽车台班产量

每小时循环次数：60/24=2.5(次)

每小时生产率：2.5×5/1.65≈7.58(m^3/小时)

每台班产量：7.58×8×0.80≈48.51(m^3/台班)

或按自然状态土体积计算每台班产量：

(60×5×8×0.8)/(24×1.65×1.2)≈40.40(m^3/台班)

(3)

① 挖掘机台班数：4351÷102≈42.66(台班)

② 自卸汽车台班数：4351×60%×1.2÷48.51≈64.58(台班)

或   4351.04×60%÷40.40≈64.62(台班)

(4)

① 挖掘机台数：42.66 台班/11 天≈3.88 台，为 4 台。

② 自卸汽车台数：64.58 台班/11 天≈5.87 台，为 6 台。

或   64.62 台班/11 天≈5.87 台，为 6 台。

3.4.5 案例 5——招标控制价

1. 背景

某工程项目，其 C15 基础垫层工程量为 256.53m^3，C30 独立基础工程量为 4854m^3，C30 矩形柱工程量为 1292.40m^3，钢筋工程量为 505.33t，其企业内部消耗量定额见表 3-15。

施工企业结合批准的施工组织设计测算得项目单价措施人工、材料、机械使用费为 640 000 元，施工企业内部规定安全文明措施及其他总价措施费按分部分项工程人工、材料、机械使用费及单价措施人工、材料、机械使用费之和的 2.5%计算。

2. 问题

(1) 根据以上内容计算该分部分项工程人工、材料、机械使用费消耗量及措施费。

(2) 若施工过程中，钢筋混凝土独立基础和矩形基础柱使用的 C30 混凝土变更为 C40

混凝土(消耗定额同 C30 混凝土，除税价 480 元/m³)，其他条件均不变，计算 C40 商品混凝土消耗量、C40 与 C30 商品混凝土除税价差，以及由于商品凝土价差产生的该分部分项工程和措施项目人工、材料、机械使用费。

表 3-15　企业内部人工、材料、机械使用费消耗量定额

项目名称		单　位	除税价(元)	分部分项工程内容			
				C15 基础垫层(m³)	C30 独立基础(m³)	C30 矩形柱(m³)	钢筋(t)
人材机	工日(综合)	工日	110.00	0.40	0.60	0.70	6.00
	C15 商品混凝土	m³	400.00	1.02			
	C30 商品混凝土	m³	460.00		1.02	1.02	
	钢筋(综合)	t	3600				1.03
	其他辅助材料费	元		8.00	12.00	13.00	117.00
	机械使用费(综合)	元		1.60	3.90	4.20	115.00

(3) 假定该钢筋混凝基础分部分项工程人、材、机费为 6 600 000 元，其中，人工费占 13%；企业管理费按人、材、机费的 6% 计算，利润按人、材、机费和企业管理之和的 5% 计算，规费按人工费的 21% 计算，增值税税率按 9% 取。编制该钢筋混凝土基础分部分项程的招标控制价。(上述各问题中提及的各项费用均不包含增值税可抵扣进项税额，所有计算结果均保留两位小数)

3. 答案

(1)

① 人工工日(综合)消耗量：

　　　256.53×0.40+4854.00×0.60+1292.40×0.70+505.33×6.00=6951.67(工日)

② C15 商品混凝土消耗量：

$$256.53×1.02=261.66(m^3)$$

③ C30 商品混凝土消耗量：

$$(4854.00+1292.40)×1.02=6269.33(m^3)$$

④ 钢筋(综合)消耗量：

$$505.33×1.03=520.49(t)$$

⑤ 其他辅助材料费：

　　256.53×8.00+4854.00×12.00+1292.40×13.00+505.33×117.00=136 225.05(元)

⑥ 机械使用费(综合)：

　　256.53×1.60+4854.00×3.90+1292.40×4.20+505.33×115.00=82 882.08(元)

⑦ 单价措施人、材、机费=640 000(元)

⑧ 安全文明措施及其他总价措施费人、材、机费：

(6951.67×110+261.66×400+6269.33×460+520.49×3600+136 225.05+82 882.08+640 000)×2.5%
=162 152.77(元)

(2)

① C40 商品混凝土消耗量：(4854.00+1292.40)×1.02=6269.33(m^3)

② C40 与 C30 商品混凝土除税价差：480.00-460.00=20.00(元/m^3)

③ 由于商品混凝土价差产生的分部分项工程和措施项目人、材、机增加费：

分部分项人、材、机增加费：6269.83×20.00=125 386.60(元)

安全文明措施及其他总价措施材、机增加费：125 386.60×2.5%=3134.67(元)

该分部分项工程和措施项目人、材、机增加费：125 386.60+3134.67=128 521.27(元)

(3) 人工费=6 600 000×13%=858 000(元)

企业管理费=6 600 000×6%=396 000(元)

利润=(6 600 000+396 000)×5%=349 800(元)

规费=858 000×21%=180 180(元)

增值税=(6 600 000+396 000+349 800+180 180)×9%=7 525 980×9%=677 338.20(元)

控制价合计=7 525 980+677 338.20=8 203 318.20(元)

3.4.6 案例6——混凝土工程量计算

1. 背景

某工程基础平面布置如图 3-7 所示。

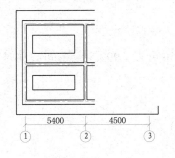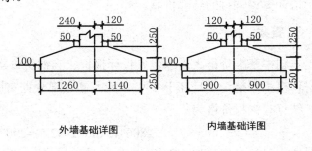

图 3-7 基础布置图

2. 问题

计算钢筋混凝土条形基础混凝土工程量。

3. 答案

外墙基础断面面积：(0.46+2.4)×0.25×0.5+0.25×2.4=0.9575(m^2)

内墙基础断面面积：$(0.34+1.8)×0.25×0.5+0.25×1.8=0.7175(m^2)$

外墙基础中心线长度：$(5.4+4.5+0.12+3.3+4.2+0.12)×2=35.28(m)$

外墙基础体积：$35.28×0.9575=33.78(m^3)$

内墙基础净长：$(9.9-1.14×2)+(7.5-1.14×2-0.9×2)=11.04(m)$

内墙基础体积：$11.04×0.7175=7.92(m^3)$

交接处增加：$\dfrac{1}{6}Lh_1·(2b+B)$

$$=\dfrac{1}{6}×(1.14+0.12+0.05)×0.25×(2×0.34+1.8)×4+$$

$$\dfrac{1}{6}×(0.9+0.12+0.05)×0.25×(2×0.34+1.8)×2$$

$$=0.552(m^3)$$

条形基础体积合计：$33.78+7.92+0.552=42.25(m^3)$

3.4.7 案例7——材料调价

1. 背景

某工程合同中约定承包人承担5%的某钢材价格风险。其预算用量为150t，承包人投标报价为2800元/t，同时期行业部门发布的钢材价格单价为2850元/t。结算时该钢材价格涨至3100元/t。

2. 问题

请计算该钢材的结算价款。

3. 答案

本题中基准价格大于承包人投标报价，当钢材价格在2850元及2992.5元之间波动时，钢材价格不调整，一旦高于2992.5元，超过部分据实调整。

结算时钢材价格为

$$2800+(3100-2992.5)=2907.5(元/t)$$

该钢材的最终结算价款为$2907.5×150=436\ 125(元)$

3.4.8 案例8——价款调整

1. 背景

某工程项目招标工程量清单数量为1520m^3，施工中由于设计变更调增1824m^3，该项目招标控制价综合单价为350元，投标报价为406元。

2. 问题

应如何调整价款?

3. 答案

解:1824/1520 = 120%,工程量增加超过 15%,需对单价做调整。

$$P_2 \times (1+15\%) = 350 \times (1+15\%) = 402.50(元) < 406(元)$$

该项目变更后的综合单价应调整为 402.50 元。

$$S = 1520 \times (1+15\%) \times 406 + (1824 - 1520 \times 1.15) \times 402.50 = 740\ 278(元)$$

练 习 题

练习题一

背景

某房屋工程基础平面及断面如图 3-8 所示,已知:基底土质均衡,为二类土,地下常水位标高为-1.1m,土方含水率为 30%;室外地坪设计标高为-0.15m,交付施工的地坪标高为-0.3m,基坑回填后余土弃运 5km。

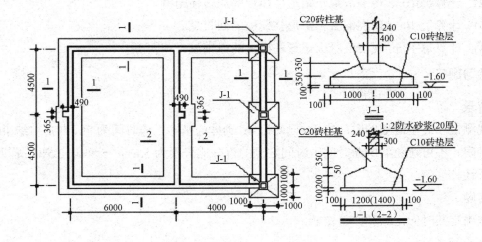

图 3-8　基础布置图

问题

(1) 试计算该基础土方开挖的清单工程量。

(2) 列出项目名称。

(3) 确定项目编码。

(4) 列出项目特征。

(5) 列出工程内容。

(6) 确定计量单位。

(7) 填写工程量清单表(见表3-16)。

表 3-16　分部分项工程量清单表

工程名称：某房屋工程

序　号	项目编码	项目名称及特征	计量单位	工　程　量

练习题二

背景

根据选定的现浇混凝土矩形柱施工图计算出每 $10m^3$ 矩形柱模板接触面积为 $65m^3$，经过计算，每 $10m^3$ 模板接触面积需板材 $1.85m^3$，制作损耗率为 5%，周转次数为 8 次，补损率为 12%，模板折旧率为 40%。

问题

(1) 计算每 $10m^3$ 现浇混凝土矩形柱模板的一次使用量。

(2) 计算每 $10m^3$ 现浇混凝土矩形柱模板的周转使用量。

(3) 计算每 $10m^3$ 现浇混凝土矩形柱模板的回收量。

(4) 计算每 $10m^3$ 现浇混凝土矩形柱模板的摊销量。

练习题三

背景

现测定一砖基础墙的时间定额，已知每 m^3 砌体的基本工作时间为 2h，准备与结束时间、休息时间、不可避免的中断时间占时间定额的百分比分别为 5.6%、5.8%、2.5%，辅助工作时间不计。

问题

试确定其时间定额和产量定额。

练习题四

背景

某彩色地面砖规格为 200mm×200mm×5mm，灰缝为 1mm，接合层为 20 厚 1∶2 水泥砂浆。

问题

(1) 试计算 $100m^2$ 地面中面砖的消耗量。(面砖和砂浆损耗率均为 1.5%)

(2) 试计算 $100m^2$ 地面中砂浆的消耗量。

练习题五

背景

某工程用 32.5＃硅酸盐水泥，由于工期紧张，拟从甲、乙、丙三地进货，甲地水泥出厂价 330 元/吨，运输费 30 元/吨，进货 100 吨；乙地水泥出厂价 340 元/吨，运输费 25 元/吨，进货 150 吨；丙地水泥出厂价 320 元/吨，运输费 35 元/吨，进货 250 吨。已知采购及保管费率为 2%，运输损耗费平均每吨 5 元。

问题

试确定该批水泥每吨的预算价格。

练习题六

背景

某工程一层平面图如图 3-9 所示，门窗统计如表 3-17 所示，已知地面工程，具体做法如下。

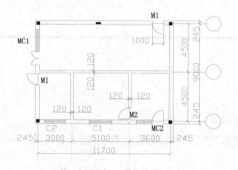

图 3-9　首层建筑平面图

(1)　12mm 厚 1∶2.5 水泥磨石地面磨光打蜡。

(2)　素水泥浆接合层一道。

(3)　20mm 厚 1∶3 水泥砂浆找平卧玻璃分割条。

(4)　60mm 厚 C15 混凝土。

(5)　150mm 厚 3∶7 灰土垫层。

(6)　素土夯实。

表 3-17　门窗统计表

门窗名称	洞口尺寸(mm)	门窗数量(个)	备　注
MC$_2$	3000×2400	1	
M$_1$	1000×2400	1	
MC$_1$	4200×2400	1	
C$_1$	1800×2000	1	
C$_2$	1800×2000	1	

问题

(1) 列出项目名称。

(2) 确定项目编码。

(3) 列出项目特征。

(4) 列出工程内容。

(5) 确定计量单位。

(6) 计算清单工程量。

(7) 填写工程量清单表(见表 3-18)。

表 3-18　分部分项工程量清单表

工程名称：某房屋工程

序　号	项目编码	项目名称及特征	计量单位	工　程　量

练习题七

背景

一、建筑设计施工图目录

某地区的办公楼，建筑施工图纸及基础数据如表 3-19 所示。

表 3-19　图纸目录

序　号	图　号	名　　称
1		建筑设计说明
2	建施 01	一层平面图
3	建施 02	二层平面图
4	建施 03	Ⅰ—Ⅰ 剖面图
5	建施 04	8—1 轴立面图
6	建施 05	1—8 轴立面图
7	建施 06	木门大样图

二、建筑设计说明

1. 本工程建筑面积为 318.60mm²。

2. 本设计标高以 m 为单位，其余尺寸以 mm 为单位。

3. 砖墙体在标高-0.060m 处做 20 厚 1：2 水泥砂浆加 5%防水粉的防潮层。

4. 各层平面图中，墙体厚度除注明者外，其余均为 24 墙。

5. 本工程采用河北省工程建设标准设计《98 系列建筑标准设计图集》。

6. 外装修。

(1) 外墙 1：挂贴汉白玉。

(2) 外墙 2：挂贴枫叶红花岗岩。

(3) 外墙 3：白色涂料外墙——12 厚 1：3 水泥砂浆打底，6 厚 1：2.5 水泥砂浆找平刷外墙涂料，未注明者均为外墙 3。

(4) 外墙门窗空圈部分做法同相应外墙。

(5) 阳台不锈钢栏杆高度为 850mm，间距为 150mm，栏杆直径为 32mm，扶手直径为 60mm。

7. 内装修(参见表 3-20)。

表 3-20　建筑工程做法表

编　号	名　称	工程做法	厚　度	位　置
地 4	水泥砂浆地面	1. 20 厚 1：2 水泥砂浆压实赶光 2. 素水泥浆接合层一道 3. 0 厚 C15 混凝土垫层 4. 150 厚 3：7 灰土垫层	230	走廊、楼梯间
地 8	水磨石地面	1. 10 厚 1：2.5 水泥磨石地面抹光打蜡 2. 素水泥浆接合层一道 3. 20 厚 1：3 水泥砂浆找平层卧玻璃条 4. 60 厚 C15 混凝土垫层 5. 150 厚 3：7 灰土垫层	240	营业厅、仓库
地 14	铺地砖地面	1. 铺 10 厚 200×200 全瓷地砖 2. 20 厚 1：4 干硬性水泥砂浆接合层 3. 60 厚(最高处)C20 细石混凝土找坡最低 30 厚 4. 聚氨酯二遍涂膜防水层(四周上翻 150 高) 5. 40 厚 C20 细石混凝土随打随抹平，四周小八字脚 6. 150 厚 3：7 灰土垫层	280	盥洗室
地 17	花岗岩地面	1. 20 厚磨光花岗岩铺面 2. 30 厚 1：4 干硬性水泥砂浆接合层 3. 刷素水泥浆一道 4. 60 厚 C15 混凝土 5. 150 厚 3：7 灰土垫层 6. 190 厚素土夯实	450	台阶平台
楼 1	水泥砂浆楼面	1. 20 厚 1：2 水泥砂浆压实赶光 2. 素水泥浆接合层一道	20	楼梯、走廊、阳台

编号	名 称	工程做法	厚 度	位 置
楼14	铺地砖地面	1. 10厚200×200全瓷地砖 2. 20厚1:4干硬性水泥砂浆接合层 3. 60厚(最高处)C20细石混凝土找坡最低30厚 4. 聚氨酯二遍涂膜防水层(四周上翻150高) 5. 40厚C20细石混凝土随打随抹平，四周小八字脚	110	盥洗室
楼18	花岗岩楼面	1. 20厚磨光花岗岩楼面 2. 30厚1:4干硬性水泥砂浆接合层 3. 20厚1:3水泥砂浆找平层	70	工作室(1)
楼25	粘贴木地板	1. 油漆 2. 粘贴10厚硬木平口木地板 3. 20厚1:3水泥砂浆找平层 4. 40厚C20细石混凝土垫层	70	工作室(2)、会计室
踢1	水泥踢脚	1. 6厚1:2.5水泥砂浆压实抹光 2. 6厚1:3水泥砂浆打底	12	楼梯、走廊、阳台
踢4	水磨石踢脚	1. 贴20厚预制水磨石板 2. 2厚1:2水泥砂浆打底 3. 刷YT-302界面处理剂一道	32	营业厅、仓库
踢6	花岗岩踢脚	1. 20厚花岗岩板 2. 20厚1:2水泥砂浆灌贴 3. 刷YT-302界面处理剂一道	40	工作室(1)
踢11	硬木踢脚	1. 刷地板漆二遍 2. 18厚硬木踢脚 3. 墙内预留木砖400中距	18	工作室(2)、会计室
内3	水泥砂浆墙面	1. 刷内墙涂料 2. 5厚1:2.5水泥砂浆抹面，压实赶光 3. 13厚1:3水泥砂浆打底	18	仓库、走廊、楼梯
内29	贴壁纸墙面	1. 贴壁纸 2. 满刮腻子一道 3. 5厚1:0.3:2.5水泥石灰砂浆抹面压光 4. 12厚1:1:6水泥石灰砂浆打底	17	工作室(1)、工作室(2)、会计室
内35	贴瓷砖墙面	1. 贴5厚200×300釉面砖(底部随贴随刷一道YJ-320混凝土界面处理剂) 2. 8厚1:0.1:2.5水泥石灰砂浆接合层 3. 12厚1:3水泥砂浆打底	25	盥洗室

续表

编　号	名　称	工程做法	厚　度	位　置
内 45	挂贴花岗岩	1. 20 厚花岗岩板 2. 30 厚 1：2.5 水泥砂浆分层灌缝 3. 绑扎 ϕ6 双向钢筋网(间距同板材尺寸) 4. 预埋 ϕ6 钢筋长 150(间距按板材尺寸)	50	营业厅
棚 6	水泥砂浆顶棚	1. 刷涂料 2. 5 厚 1：2.5 水泥砂浆抹面 3. 5 厚 1：3 水泥砂浆打底 4. 刷素水泥浆一道	10	楼梯、走廊、阳台、仓库
棚 13	纸面石膏板吊顶	1. 刷涂料 2. 棚面刮腻子找平 3. 9 厚纸面石膏板自攻螺丝拧牢(900×3000) 4. 轻钢龙骨 5. 钉固定吊筋	—	工作室(1)、工作室(2)、会计室
棚 22	矿棉板吊顶	1. 18 厚 600×600 矿棉板(暗龙骨) 2. 装配式 T 型铝合金天棚龙骨	—	营业厅
棚 27	铝合金条板吊顶	1. 0.5 厚铝合金板条面层 2. 轻钢龙骨 3. 射钉固定吊筋	—	盥洗室

8. 女儿墙内侧按外墙 3(不刷涂料)。

9. 屋面做法。

(1) SBS 卷材防水层。

(2) 20 厚 1：3 水泥砂浆找平层。

(3) 1：6 水泥焦砟找 2%坡，最薄处 30 厚。

(4) 250 厚加气混凝土保温层。

10. 阳台等构件，凡未注明者，其上部抹 20mm 厚 1：2 水泥砂浆并按 1%找坡。

11. 门窗明细表如表 3-21 所示。

表 3-21　门窗明细表

门窗名称	洞口尺寸(mm) 宽×高	门窗数量 (樘)	采用图号	备注(mm)
C1	3730×2100	2	固定无框玻璃窗	框外尺寸 3690×2060
C2	1800×1500	4	塑钢窗带纱扇	框外尺寸 1760×1460
C3	600×1500	4	塑钢窗带纱扇	框外尺寸 560×1460
C4	2400×1500	2	塑钢窗带纱扇	框外尺寸 2360×1460
C5	1500×1500	1	塑钢窗带纱扇	框外尺寸 1460×1460

门窗名称	洞口尺寸(mm) 宽×高	门窗数量 (樘)	采用图号	备注(mm)
MC—1	2400×1500(2400)	1	塑钢门连窗带纱扇	框外尺寸 2360×1460(2360)
M1	2700×2400	1	无框全玻璃门	—
M2	1000×2100	6	98J4(二) 2M$_{11}$17	成品装饰门扇，普通框
M3	800×2100	6	98J4(二) 1M$_2$02 改	胶合板门
M4	1200×2100	1	98J4(二) 4M47	半玻门

12. 楼梯栏杆、扶手参照 98J8$\frac{1}{18}$，高度为 1000mm，栏杆为 ϕ18 圆钢，刷三遍醇酸磁漆，间距为 135mm；扶手为硬木扶手，刷聚氨酯清漆三遍；每根栏杆下的埋件重量为 0.244kg。

13. 散水为 98J1 散 3：50 厚 C15 混凝土撒 1：1 水泥沙子，压实赶光。

14. 坡道为 98J1 坡 5：水泥锯齿坡道。

15. 台阶为 98J9$\frac{2}{73}$：面层为水泥砂浆贴黑色花岗岩；平台 98J1 地 17：花岗岩地面。

16. 一层营业厅和二层工作室、会计室吊顶高度距楼地面为 2.85m。

17. 二层工作室(1)、工作室(2)和会计室内所有门窗均做贴脸(80mm 宽)和筒子板，刷聚氨酯清漆三遍。

18. 一层营业厅和二层工作室、会计室安装垂直豪华窗帘，大小同洞口。

19. 油漆工程：M2 聚氨酯清漆三遍；M3、M4 底漆一遍，乳白色调和漆两遍；硬木地板及踢脚线为底油一度，上油色，清漆两遍。

20. 踢脚板高度均为 150mm。

三、建筑设计施工图

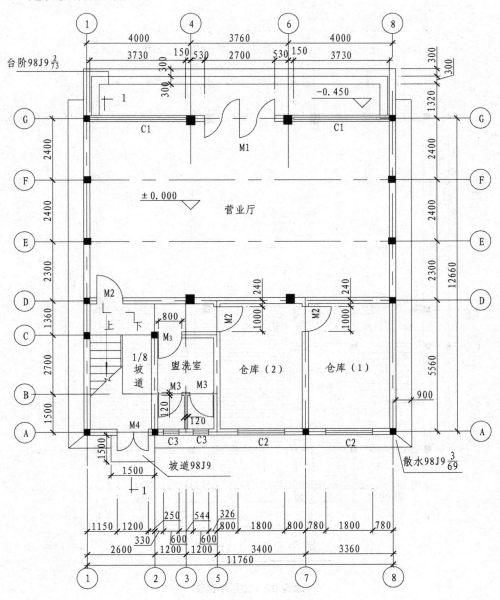

一层平面图1：100

建施 01　一层平面图

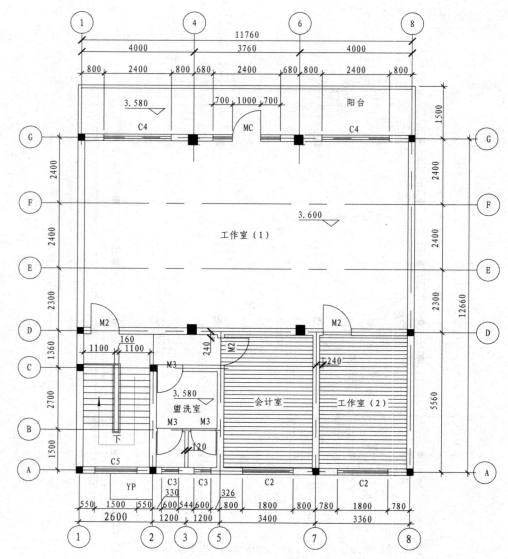

二层平面图1:100

建施02 二层平面图

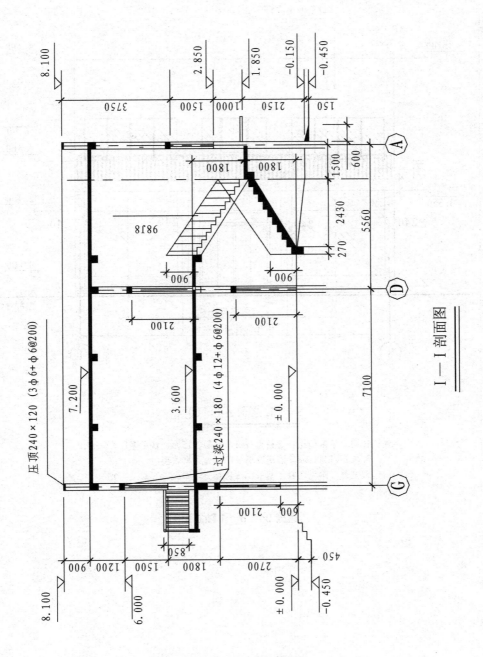

建施 03　Ⅰ—Ⅰ剖面图

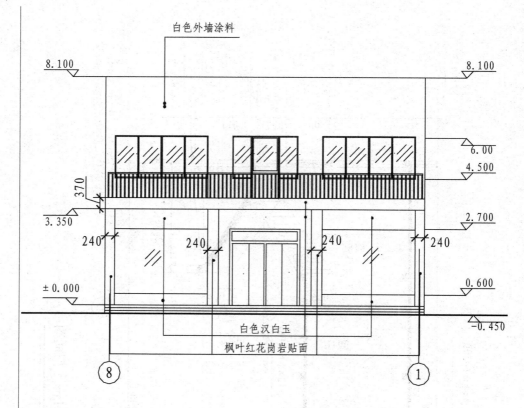

8—1轴立面图1:100

注: 1.阳台不锈钢栏杆直径为32mm，间距为150mm；扶手直径为60mm。
　　2.首层C1为12mm厚固定玻璃窗，门为无框玻璃门。
　　3.室外台阶为混凝土基层、黑色花岗岩面层。

建施 04　8—1轴立面图

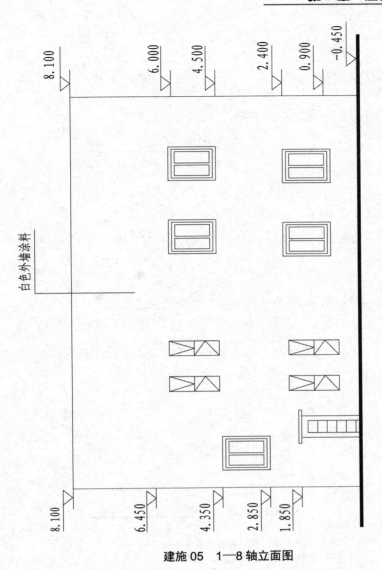

建施05　1—8轴立面图

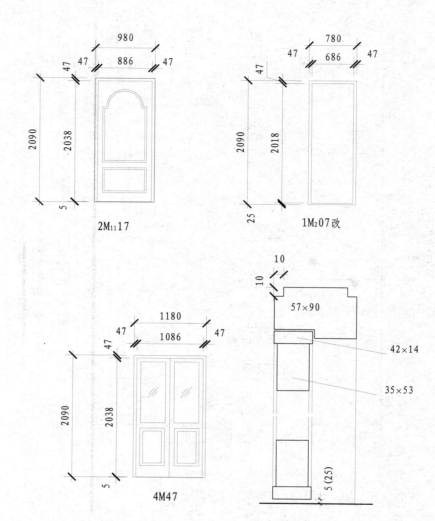

2M₁₁17

1M₂07改

4M47

注：1.2M₁₁17为普通木门柜、实木榉木装饰门。
   2.2M₂07改的洞口尺寸宽度由750改为800，其余不变。
   3.本大样图参照《98系列建筑标准设计图集》98J4（二）。

建施 06　木门大样图

问题

(1)　计算各种地面的清单工程量。

(2)　计算内墙面装修的清单工程量。

(3)　填写清单工程量报表。

第 4 章　建设工程施工招标与投标

本章学习要求和目标

➢ 建设工程招标投标程序。

➢ 标底的编制方法及有关问题。

➢ 报价技巧的选择和运用。

➢ 决策树方法的基本概念及其在投标中的运用。

➢ 评标定标的具体方法。

4.1 建设工程招标

4.1.1 项目招标的范围

1. 必须招标的建设工程范围

为了规范招投标行为,我国相关法规对必须进行招标的项目进行了规定。根据《中华人民共和国招标投标法》(以下简称《招标投标法》)的规定,国家发展和改革委员会 2018 年发布了《必须招标的工程项目规定》(发改委第 16 号令),明确必须招标项目的具体范围和规模标准如下。

(1) 全部或者部分使用国有资金投资或者国家融资的项目包括以下几方面。

① 使用预算资金 200 万元人民币以上,并且该资金占投资额 10%以上的项目。

② 使用国有企业事业单位资金,并且该资金占控股或者主导地位的项目。

(2) 使用国际组织或者外国政府贷款、援助资金的项目包括以下几方面。

① 使用世界银行、亚洲开发银行等国际组织贷款、援助资金的项目。

② 使用外国政府及其机构贷款、援助资金的项目。

(3) 不属于以上 (1)、(2)规定情形的大型基础设施、公用事业等关系社会公共利益、公众安全的项目,必须招标的具体范围由国务院发展改革部门会同国务院有关部门按照确有必要、严格限定的原则制定,报国务院批准。

(4) 以上规定范围内的项目,其勘察、设计、施工、监理,以及与工程建设有关的重要设备、材料等的采购达到下列标准之一的,必须招标。

① 施工单项合同估算价在 400 万元人民币以上。

② 重要设备、材料等货物的采购,单项合同估算价在 200 万元人民币以上。

③ 勘察、设计、监理等服务的采购,单项合同估算价在 100 万元人民币以上。同一项目中可以合并进行的勘察、设计、施工、监理以及与工程建设有关的重要设备、材料等的采购,合同估算价合计达到前款规定标准的,必须招标。

2. 可以不招标的项目

涉及国家安全、国家秘密、抢险救灾或者属于利用扶贫资金实行以工代赈、需要使用农民工等特殊情况,不适宜进行招标的项目,按照国家有关规定可以不进行招标。此外,有下列情形之一的,也可以不进行招标。

① 需要采用不可替代的专利或者专有技术。

② 采购人依法能够自行建设、生产或者提供。

③ 已通过招标方式选定的特许经营项目投资人依法能够自行建设、生产或者提供。

④ 需要向原中标人采购工程、货物或者服务,否则将影响施工或者功能配套要求。

⑤ 国家规定的其他特殊情形。

4.1.2 工程招标的方式

1. 项目招标的基本条件

项目招标的基本条件为：已按规定完成审批；项目列入部门计划；资金已落实；概算批准；征地完成；资料完备；符合法规要求。

2. 项目招标的方式

建设工程招标一般采用公开招标和邀请招标两种方式。

(1) 公开招标是指招标人以招标公告的方式邀请不特定的法人或者其他组织投标。依法必须进行招标的项目，应当通过国家指定的报刊、信息网络或者媒介发布招标公告。

(2) 邀请招标是指招标人以投标邀请书的方式邀请特定的法人或者其他组织投标。采用邀请招标方式的招标人，应当向三个以上具备承担招标项目的能力、资信良好的特定法人或者其他组织发出投标邀请书。

4.1.3 施工招标的主要内容

施工招标的主要工作内容见表 4-1。

表 4-1 施工招标的主要工作内容

阶段	主要工作步骤	主要工作内容	
		招 标 人	投 标 人
招标准备	申请审批、核准招标	将施工招标范围、招标方式、招标组织形式报项目审批、核准部门审批、核准	组成投标小组；进行市场调查；准备投标资料；研究投标策略
	组建招标组织	自行建立招标组织或招标代理机构	
	策划招标方案	划分施工标段、确定合同类型	
	招标公告或投标邀请	发布招标公告(及资格预审公告)或发出投标邀请函	
	编制标底或确定招标控制价	编制标底或确定招标控制价	
	准备招标文件	编制资格预审文件和招标文件	
资格审查与投标	发售资格预审文件	发售资格预审文件	购买招标文件；填报资格预审材料
	进行资格预审	分析评价资格预审材料；确定资格预审合格者，通知资格预审结果	回函收到资格预审结果

续表

阶段	主要工作步骤	主要工作内容	
		招标人	投标人
资格审查与投标	发售招标文件	发售招标文件	购买招标文件
	现场踏勘、标前会议(必要时)	组织现场踏勘和标前会议(必要时)进行招标文件的澄清和补遗	参加现场踏勘和标前会议、对招标文件提出怀疑
	投标文件的编制、递交和接收	接收投标文件(包括投标保函)	编制投标文件;递交投标文件(包括投标保函)
开标、评标与授标	开标	组织开标会议	参加开标会议
	评标	投标文件初评;要求投标人提交澄清资料(必要时);编写评标报告	提交澄清资料(必要时)
	授标	确定中标人;发出中标通知书(退回未中标者的投标保函);进行合同谈判;签订施工合同	进行合同谈判;提交履约保函;签订施工合同

建设工程招标文件一般包括下列文件和资料。

(1) 招标书文件或投标邀请书文件。

(2) 投标人须知文件。

(3) 合同条件(包括通用合同条件和专用合同条件两部分)。

(4) 协议书(工程承发包合同)格式。

(5) 技术规范。

(6) 投标书及其附件格式。

(7) 工程量清单及报价表。

(8) 图纸等设计资料。

(9) 辅助资料。

通用条件,是指对某一类工程都适用的条件,如FIDIC《土木施工合同条件》第一部分"通用条件"适用于各种类型的土木工程(像一般的工业与民用房屋建筑、公路、桥梁、港口、铁路等)施工。它对于合同中使用的有关名词的定义和解释、工程师及工程师代表、转让与分包、合同文件、一般义务、劳务、材料、工程设备和工艺、暂时停工、开工和延误、缺陷责任、变更、增添与省略、索赔程序、承包商的设备、临时工程和材料、计量、暂定金额、指定分包商、证书和支付、补救措施、特殊风险、解除合同、争端的解决、通知、业主违约、费用和法规的变更、货币、汇率等问题进行规定。

专用条件,则是考虑各个国家和地区的法律法规不同,根据某项目的特点和业主的具体要求,对通用条件中不符合本项目要求的或未包括本项目要求的条件进行修改、补充,形成适用于某一项目的特殊条件,其作用在于使通用条件中的某些条款具体化。

招标人对已发售的招标文件进行必要的澄清与修改的,应当在招标文件要求提交投标文件截止时间至少 15 日前，以书面形式通知所有招标文件的收受人。该澄清或者修改的内容为招标文件的组成部分。

4.1.4 招标标底价格的编制方法

我国目前建设工程施工招标标底的编制，主要采用定额计价和工程量清单计价来编制。

1. 以定额计价法编制标底

标底可以采用现行的预算定额编制，体现了工程建设消耗按社会平均水平衡量的原则。

2. 以工程量清单计价法编制招标控制价

工程量清单计价的单价按所综合的内容不同，可以划分为三种形式。

(1) 工料单价：单价仅包括人工费、材料费和机械使用费，故又称为直接费单价。

(2) 完全费用单价：单价中除了包含直接费外，还包括现场经费、其他直接费和间接费等全部成本。

(3) 综合单价：即分部分项工程的完全单价，综合了直接工程费、间接费、有关文件规定的调价、利润或者包括税金以及采用固定价格的工程所测算的风险金等全部费用。

采用工程量清单招标的，招标文件应当提供工程量清单。工程量清单是表现拟建工程分部分项工程、措施项目和其他项目名称与相应数量的明细清单，以满足工程项目具体量化和计量支付的需要；是招标人编制最高投标限价(招标控制价)和投标人编制投标报价的重要依据。如按照规定应编制最高投标限价的项目，其最高投标限价也应在招标时一并公布。

4.2 建设工程投标

4.2.1 投标人的资格

投标人应当具备承担招标项目的能力，具备国家规定的和招标文件规定的对投标人的资格要求。

(1) 具有招标条件要求的资质证书，并为独立的法人实体。

(2) 承担过类似建设项目的相关工作，并有良好的工作业绩和履约记录。

(3) 财产状况良好，没有处于财产被接管、破产，或其他关、停、并、转状态。

(4) 在最近 3 年没有骗取合同以及其他经济方面的严重违法行为。

(5) 近几年有较好的安全记录，投标当年内没有发生重大质量事故和特大安全事故。

两个以上法人或者其他组织可以组成一个联合体，以一个投标人的身份共同投标，联合体各方均应具备承担招标项目的相应能力和规定的资格条件。联合体应将约定各方拟承担工作和责任的共同投标协议书连同投标文件一并提交给招标人。

4.2.2　建设工程投标程序

　　建设工程投标是建设工程招标投标活动中，投标人一项重要的活动。投标人是响应招标、参加投标竞争的法人或其他组织。投标人应具备承担招标项目的能力，若国家对投标人资格有规定或招标文件对投标人资格有规定的，那么投标人应先符合这些条件。建设工程投标程序如图 4-1 所示。

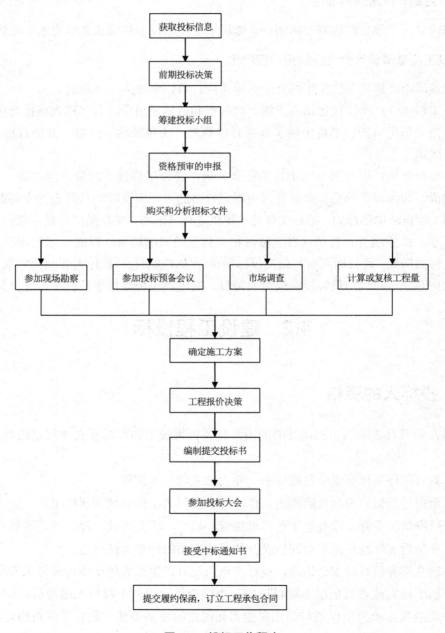

图 4-1　投标工作程序

4.2.3 施工投标报价策略

投标报价策略是指投标单位在投标竞争中的系统工作部署及参与投标竞争的方式和手段。对投标单位而言，投标报价策略是投标取胜的重要方式，投标可分为基本策略和报价技巧两个层面。

1. 基本策略

投标报价的基本策略主要是指投标单位应根据招标项目的不同特点，并考虑自身的优势和劣势，选择不同的报价。

1) 可选择报高价的情形

投标单位遇到下列情形时，其报价可高一些：施工条件差的工程(如条件艰苦、施工场地狭小或地处交通要道等)；专业要求高的技术密集型工程且施工单位在这方面有专长，声望也较高；总价低的小工程，以及投标单位不愿做而被邀请投标又不便不投标的工程；特殊工程，如港口码头、地下开挖工程等；工期要求紧的工程，支付条件不理想的工程。

2) 可选择报低价的情形

投标单位遇到下列情形时，其报价可低一些：施工条件好的工程，工作简单、工程量大而其他投标人都可以做的工程(如大量土方工程、一般房屋建筑工程等)；投标单位急于打入某一市场、某一地区，或虽已在某一地区经营多年，但即将面临没有工程的情况；机械设备无工地转移时，附近有工程而本项目可利用该工程的设备、劳务或有条件短期内突击完成的工程；投标对手竞争激烈的工程；非急需工程，支付条件好的工程。

2. 报价技巧

投标企业应采用适当的报价技巧。从案例分析的角度讲，常用的报价技巧有以下几种。

1) 不平衡报价法

不平衡报价法是指在一个工程项目总报价基本确定后，通过调整内部各个项目的报价，以达到既不提高总造价，不影响中标，又能在结算时获得更好的经济效益的目的。不平衡报价法的具体做法如下。

(1) 能够早日收到价款的项目，其单价可定得高一些，后期工程项目的单价可适当降低。

(2) 估计今后会增加工程量的项目，其单价可适当提高，反之则应降低。

(3) 图纸不明确或工程内容说明不清楚的，单价可降低，待今后索赔时再提高价格。

(4) 无工程量而只报单价的项目，可适当报高一些。

(5) 暂定工程或暂定数额的报价，如果估计今后会发生的项目，可适当提高单价，反之则应降低单价。

注意，采用不平衡报价法时，不要畸高畸低，以免引起业主反对，甚至导致成为废标。

常见的不平衡报价法如表 4-2 所示。

表 4-2　常见的不平衡报价法

序　号	信息类型	变动趋势	不平衡结果
1	资金收入的时间	早	单价高
		晚	单价低
2	清单工程量不准确	增加	单价高
		减少	单价低
3	报价图纸不明确	增加工程量	单价高
		减少工程量	单价低
4	暂定工程	自己承包的可能性高	单价高
		自己承包的可能性低	单价低
5	单价组成分析表	人工费和机械费	单价高
		材料费	单价低
6	议标时招标人要求压低单价	工程量大的项目	单价小幅度降低
		工程量小的项目	单价大幅度降低
7	工程量不明确报单价的项目	没有工程量	单价高
		有假定的工程量	单价适中

2)　多方案报价法

多方案报价法是指先按原招标文件报一个价，然后向招标单位提出，如某些条款做某些变动，则报价可以降低多少，由此报出一个较低的报价，以吸引招标单位，增加中标率。

3)　增加建议方案法

增加建议方案法是指如果招标文件中提出投标单位可以修改原设计方案，即可以提出自己的建议方案，则投标单位就可以通过提出更为合理可行或价格更低的方案来提高自己中标的可能性。这种方法要注意两点：一是建议方案一定要比较成熟，具有可操作性；二是即使提出了建议方案，对原招标方案也一定要进行报价。

4)　突然降价法

突然降价法是指投标人在充分了解投标标的的前提下，通过优化施工组织设计，加强内部管理，降低费用消耗的可能性分析，提出降低报价方案，并在投标截止日规定时间之前提出，以有利于中标。

5)　无利润竞标法

无利润竞标法是指投标人为了开拓建筑市场或对于分期投标的工程采取前段中标、后段得利的方式。

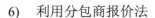

6) 利用分包商报价法

利用分包商报价法是指总承包商通常在投标前先取得分包商的报价，这时投标人应选择信誉良好、实力强、报价合理的分包商签订协议，并要求其提交投标保函，使投标人与分包商产生利益共同点，争取项目中标并获得效益。

4.2.4　建设工程投标报价的审核

为了提高中标概率，在投标报价正式确定之前，应对其进行认真审查、核算。审核的方法如下。

(1) 以一定时期本地区内各类建设项目的单位工程造价，对投标报价进行审核。

(2) 运用全员劳动生产率即全体人员每工日的生产价值，对投标报价进行审核。

(3) 用各类单位工程用工用料正常指标，对投标报价进行审核。

(4) 用各分项工程价值的正常比例，对投标报价进行审核。

(5) 用储存的一个国家或地区的同类型工程报价项目和中标项目的预测工程成本资料，对投标报价进行审核。

(6) 用综合定额估算法(即以综合定额和扩大系数估算工程的工料数量和工程造价)对投标报价进行审核。

4.2.5　建设工程投标文件

投标文件应当对招标文件提出的实质性要求和条件作出响应。对属于建设施工的招标项目，投标文件的内容应当包括拟派出的项目负责人与主要技术人员的简历、业绩和拟用于完成招标项目的机械设备等。

投标文件应当包括下列内容。

(1) 投标函。

(2) 施工组织设计或者施工方案。

(3) 投标报价。

(4) 招标文件要求提供的其他资料。

根据招标文件载明的项目实际情况，如果准备在中标后将中标项目的部分非主体、非关键工程进行分包，投标人应在投标文件中载明。在招标文件要求提交投标文件的截止时间前，投标人可以补充、修改或者撤回已提交的投标文件，并书面通知招标人。补充、修改的内容也是投标文件的组成部分。投标人少于三个的，招标人应当依照《招标投标法》重新招标。招标人应当拒收在提交投标文件截止时间后送达的投标文件。

4.3 建设工程开标、评标与定标

招标投标活动经过招标阶段、投标阶段，就进入了开标阶段。

4.3.1 开标

开标是指招标人将所有在提交投标文件截止时间前收到的投标文件当众予以拆封、宣读。开标应当在招标人或招标代理人的主持下，在招标文件中预先确定的地点，预先确定的提交投标文件截止时间的同一时间公开进行，并邀请所有投标人参加。

唱标顺序应按投标人报送投标文件的时间先后顺序进行。当众宣读投标人名称、投标价格和投标文件的其他主要内容。所有在投标致函中提出的附加条件、补充声明、优惠条件、替代方案等均应宣读，如果有标底也应公布。开标过程应当记录，并存档备查。开标后，任何投标人都不允许更改投标书的内容和报价，也不允许再增加优惠条件。投标书经启封后不得再更改招标文件中说明的评标、定标办法。

在开标时，投标文件出现下列情形之一的，应当作为无效投标文件，不得进入评标。

(1) 投标文件未按照招标文件的要求予以密封的。

(2) 投标文件中的投标函未加盖投标人的企业及企业法定代表人印章的，或者企业法定代表人委托代理人没有合法、有效的委托书(原件)及委托代理人印章的。

(3) 投标文件的关键内容字迹模糊、无法辨认的。

(4) 投标人未按照招标文件的要求提供投标保函或者投标保证金的。

(5) 组成联合体投标，投标文件未附联合体各方共同投标协议的。

建设工程开标是招标人、投标人和招标代理机构等共同参与的一项重要活动，也是建设工程招标投标活动中的决定性时刻。建设工程的开标工作程序如图 4-2 所示。

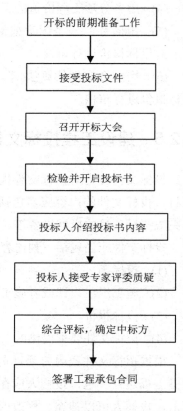

图 4-2 工程开标程序

4.3.2 评标

评标是由招标人依法组建的评标委员会根据招标文件规定的评标标准和方法，对投标文件进行系统的评审和比较的过程。

1. 评标委员会

评标委员会由招标人或其委托的招标代理机构熟悉相关业务的代表和有关技术、经济等方面的专家组成，成员人数为5人以上(单数)，其中技术、经济等方面的专家不得少于成员总数的2/3。评标委员会设负责人的，评标委员会负责人由评标委员会成员推举产生或者由招标单位确定。评标委员会负责人与评标委员会的其他成员有同等的表决权。

评标专家的基本条件。评标专家应符合下列条件。

(1) 从事相关专业领域工作满8年并具有高级职称或者同等专业水平。

(2) 熟悉有关招标投标的法律法规，并具有与招标项目相关的实践经验。

(3) 能够认真、公正、诚实、廉洁地履行职责。

不得担任评标委员会成员的情形。有下列情形之一的，不得担任评标委员会成员，应当回避。

(1) 招标单位或投标单位主要负责人的近亲属。

(2) 项目主管部门或者行政监督部门的人员。

(3) 与投标单位有经济利益关系，可能影响对投标公正评审的。

(4) 曾因在招标、评标以及其他与招标投标有关活动中从事违法行为而受过行政处罚或刑事处罚的。

评标委员会成员应当客观、公正地履行职责，遵守职业道德，对所提出的评审意见承担个人责任。

(1) 评标委员会成员不得与任何投标单位或与招标结果有利害关系的人进行私下接触，不得收受投标单位、中介机构、其他利害关系人的财物或者其他好处。

(2) 评标委员会成员不得透露对投标文件的评审和比较、中标候选人的推荐情况以及与评标有关的其他情况。

2. 评标的工作程序

1) 初评

初评是审查各投标书是否为响应性投标，确定投标书的有效性。检查内容包括投标人的资格、投标保证有效性、报送资料的完整性、投标书与招标文件的要求有无实质性背离、报价计算的正确性等。

(1) 投标文件的符合性评审。投标文件的符合性评审包括商务符合性和技术符合性鉴定。投标文件应实质上响应招标文件的所有条款、条件，无显著的差异或保留。

所谓显著的差异或保留包括以下情况：对工程的范围、质量及使用性能产生实质性影响；偏离了招标文件的要求，对合同中规定的业主的权利或者投标人的义务造成实质性的限制；纠正这种差异或者保留将会对提交了实质性响应要求的投标书的其他投标人的竞争地位造成不公正影响。

（2）投标文件的技术性评审。投标文件的技术性评审包括：方案可行性评估和关键工序评估；劳务、材料、机械设备、质量控制措施评估以及对施工现场周围环境污染的保护措施评估。

（3）投标文件的商务性评审。投标文件的商务性评审包括：投标报价校核，审查全部报价数据计算的正确性，分析报价构成的合理性，并与标底价格进行对比分析。修正后的投标报价经投标人确认后对其起约束作用。

（4）投标文件的澄清和说明。评标委员会可以要求投标人对投标文件中含义不明确的内容作必要的澄清或者说明，但是澄清或者说明不得超出投标文件的范围或者改变投标文件的实质性内容。澄清和说明应以书面方式进行。

投标文件中的大写金额和小写金额不一致的，以大写金额为准；总价金额与单价金额不一致的，以单价金额为准，但单价金额小数点有明显错误的除外；对不同文字文本投标文件的解释发生异议的，以中文文本为准。

（5）发生以下情况应当作为废标处理。

● 没有按照招标文件要求提供投标担保或者所提供的投标担保有瑕疵。

● 没有按照招标文件要求由投标人授权代表签字并加盖公章。

● 投标文件记载的招标项目完成期限超过招标文件规定的完成期限。

● 明显不符合技术规格、技术标准的要求。

● 投标文件记载的货物包装方式、检验标准和方法等不符合招标文件要求的。

● 投标文件附有招标人不能接受的条件等。

（6）投标偏差。评标委员会应当根据招标文件，审查并逐项列出投标文件的全部投标偏差。投标偏差分为重大偏差和细微偏差。

下列情况属于重大偏差。

● 没有按照招标文件要求提供投标担保或者所提供的投标担保有瑕疵。

● 投标文件没有投标人授权代表签字和加盖公章。

● 投标文件载明的招标项目完成期限超过招标文件规定的期限。

● 明显不符合技术规格、技术标准的要求。

● 投标文件载明的货物包装方式、检验标准和方法等不符合招标文件的要求。

● 投标文件附有招标人不能接受的条件。

● 不符合招标文件中规定的其他实质性要求。

细微偏差是指投标文件在实质上响应招标文件要求，但在个别地方存在漏项或者提供了不完整的技术信息和数据等情况，并且补正这些遗漏或者不完整不会对其他投标人造成不公平的结果。细微偏差不影响投标文件的有效性。

评标委员会应当书面要求存在细微偏差的投标人在评标结束前予以补正。拒不补正的，在详细评审时可以对细微偏差做不利于该投标人的量化，量化标准应当在招标文件中明确规定。

2) 详评

经过初步评审合格的投标文件，评标委员会应当根据招标文件确定的评标标准和方法，对其技术部分和商务部分做进一步评审、比较(只对有效投标进行评审)。

设有标底的招标项目，评标委员会在评标时应当参考标底。评标委员会完成评标后，应当向招标人提出书面评标报告，并推荐合格的中标候选人。招标人根据评标报告和推荐的中标候选人确定中标人，招标人也可以授权评标委员会直接确定中标人。

3. 评标的方法

1) 经评审的最低投标价法

在技术标通过的情况下，在保证质量、工期等条件下，选择合理低价的投标单位为中标单位。

经评审的最低投标价法一般适用于具有通用技术、性能标准，或者招标人对其技术、性能没有特殊要求的招标项目。这种评标方法应当是一般项目的首选评标方法。

2) 综合评分法

综合评分法是分别对各投标单位的标价、质量、工期、施工方案、社会信誉、资金状况等几个方面进行评分，选择总分最高的单位为中标单位的一种评分方法。

不宜采用经评审的最低投标价法的招标项目，一般应当采取综合评分法进行评审。

在综合评分法中，最常用的是百分法。这种方法是将评审各指标分别在百分之内所占比例和评标标准在招标文件内规定。开标后按评标程序，根据评分标准，由评委对各投标人的标书进行评分，最后以总得分最高的投标人为中标人。

3) 其他评标方法

在法律、行政法规允许的范围内，招标人也可以采用其他评标方法。

4. 评标报告

除招标单位授权直接确定中标单位外，评标委员会完成评标后，应当向招标单位提交书面评标报告，并抄送有关行政监督部门。评标报告应如实记载以下内容。

(1) 基本情况和数据表。

(2) 评标委员会成员名单。

(3) 开标记录。

(4) 符合要求的投标一览表。

(5) 废标情况说明。

(6) 评标标准、评标方法或评标因素一览表。

(7) 经评审的价格或评分比较一览表。

(8) 经评审的投标单位排序。

(9) 推荐的中标候选人名单与签订合同前要处理的事宜。

(10) 澄清、说明、补正事项纪要。

评标报告由评标委员会全体成员签字。对评标结论有异议的评委可以书面方式阐述其不同意见和理由。评委拒绝在评标报告上签字且不阐述其不同意见和理由的，视为同意评标结论。评标委员会应当对此作出书面说明并记录在案。

如果评标委员会认为所有投标都不符合招标文件的要求，可以否决所有投标，招标人应重新依法招标。

4.3.3　定标

1. 中标候选人的确定

经过评标后，评标委员会推荐的中标候选人应当限定在 1～3 人，并标明排列顺序。招标人应当确定排名第一的中标候选人为中标人。排名第一的中标候选人放弃中标，因不可抗力提出不能履行合同，或者招标文件规定应当提交履约保证金而在规定的期限内未能提交的，招标人可以确定排名第二的中标候选人为中标人。排名第二的中标候选人因前款规定的同样原因不能签订合同的，招标人可以确定排名第三的中标候选人为中标人。

招标人可以授权评标委员会直接确定中标人。

中标单位确定后，招标单位应向中标单位发出中标通知书，并同时将中标结果通知所有未中标的投标单位。中标通知书对招标单位和中标单位具有法律效力，中标通知书发出后，招标单位改变中标结果，或者中标单位放弃中标项目的，应当依法承担法律责任。

2. 订立施工合同

1)　履约担保

在签订合同前，中标单位以及联合体中标人应按招标文样规定的金额担保形式和履约担保格式，向招标单位提交履约担保。履约担保一般采用银行保函和履约担保书的形式。履约担保金额一般为中标价的 10%。中标单位不能按要求提交履约担保的，视为放弃中标，其投标保证金不予退还，给招标单位造成的损失超过投标保证金数额的，中标单位还应对超过部分予以赔偿。中标后的承包商应保证其履约担保在建设单位颁发工程接收证书前一直有效。建设单位应在工程接收证书颁发后 28 天内将履约担保退还给承包商。

2)　签订合同

招标单位与中标单位应自中标通知书发出之日起 30 天内，根据招标文件和中标单位的投标文件订立书面合同。一般情况下，中标价就是合同价，招标单位与中标单位不得再订立背离合同实质性内容的其他协议。

为了在施工合同履行过程中对工程造价实施有效管理，合同双方应在合同条款中对涉及工程价款结算的下列事项进行约定：预付工程款的数额、支付时限及抵扣方式；工程进度款的支付方式、数额及时限；工程施工中发生变更时，工程价款的调整方法、索赔方式、时限要求及金额支付方式；发生工程价款纠纷的解决方法；约定承担风险的范围和幅度，以及超出约定范围和幅度的调整办法；工程竣工价款的结算与支付方式、数额及时限；工程质量保证(保修)金的数额、预扣方式及时限；安全措施和意外伤害保险费用；工期及工期提前或延后的奖惩办法；与履行合同、支付价款相关的担保事项等。

中标单位无正当理由拒签合同的，招标单位取消其中标资格，其投标保证金不予退还；给招标单位造成的损失超过投标保证金数额的，中标单位还应对超过部分予以赔偿。发出中标通知书后，招标单位无正当理由拒签合同的，招标单位向中标单位退还投标保证金；给中标单位造成损失的，还应当赔偿损失。招标单位与中标单位签订合同后5个工作日内，应当向中标单位和未中标的投标单位退还投标保证金。

4.4 案 例 分 析

4.4.1 案例1——工程招标

1. 背景

某依法必须公开招标的国有资金建设项目，采用工程量清单计价方式进行施工招标，业主委托具有相应资质的某咨询企业编制了招标文件和最高投标限价。招标文件部分规定或内容如下。

(1) 投标有效期自投标人递交投标文件时开始计算。

(2) 评标方法采用经评审的最低投标价法：招标人将在开标后公开可接受的项目最低投标报价或最低投标报价测算方法。

(3) 投标人应对招标人提供的工程量清单进行复核。

(4) 招标工程量清单中给出的"计日工表(局部)"，见表4-3。

在编制最高投标限价时，由于某分项工程使用一种新型材料，定额及造价信息中均无该材料消耗量和价格的信息。编制人员按照理论计算法计算了材料净用量，并以此净用量乘以向材料生产厂家咨询确认的材料出场价格，得到该分项工程综合单价中新型材料的材料费。在投标和评标过程中，发生了下列事件。

事件1：投标人A发现分部分项目工程量清单中某分项工程特征描述和图纸不符。

事件2：投标人B的投标文中，有一工程量较大的分部分项工程清单项目未填写单价与合价。

2. 问题

(1) 分别指出招标文件中(1)～(4)项的规定或内容是否妥当，并说明理由。

(2) 编制最高投标限价时，编制人员确定综合单价中新型材料费的方法是否正确？并说明理由。

(3) 针对事件 1，投标人 A 应如何处理？

(4) 针对事件 2，评标委员会是否可否决投标人 B 的投标？并说明理由。

表 4-3　计日工

工程名称：×××　　　　　　　　　　标段：×××　　　　　　　　　　第×页　　共×页

序　号	项目名称	单　位	暂定数量	实际数量	综合单价(元)	合价(元)	
						暂定	实际
一	人工	工日					
1	普工	工日	1		120		
2	砌筑工、混凝土工、抹灰工	工日	1		160		
3	架子工	工日	1		240		
4	模板工、钢筋工	工日	1		200		
人工小计							
二	材料						
1	…	…					

3. 答案

(1)

① 不妥。投标有效期自投标截止日开始计算。

② 不妥。招标人不得规定最低投标限价；评标方法应在招标文件中规定。

③ 妥当。投标人复核招标人提供的工程量清单的准确性和完整性是投标人科学投标的基础。

④ 不妥。计日工表中的综合单价应由投标人填写。(暂定数量都填 1 也不合理，应根据预测零星工作的多少确定暂定数量)

(2) 不正确。理由：

① 进入综合单价的应是材料的消耗量=净用量+损耗量，不是净用量。

② 进入综合单价的应是材料的预算价格=原价+运杂费+运输损耗费+采购保管费，不是出厂价格。

(3) 如投标人 A 向招标提出澄清，招标人不予澄清或者修改，投标人应以分项工程量清单的项目特征描述为准，确定分部分项工程综合单价。

(4) 不可。

招标工程量清单与计价表中列明的所有需要填写的单价和合价的项目，投标人均应填写且只允许有一个报价。未填写单价和合价的项目，视为此项费用已包含在已标价工程量清单其他项目的单价和合价之中。竣工结算时，此项目不得重新组价予以调整。

4.4.2 案例 2——工程评标

1. 背景

某房建工程，业主采用公开招标方式选择施工单位，委托具有工程造价咨询资质的机构编制了该项目的招标文件和最高投标限价(最高投标限价 5000 万元，其中暂列金额为 150 万元)。该招标文件规定，评标采用经评审的最低投标价法。A、B、C、D、E、F 共六家企业通过了资格预审(其中，D 企业为 D、D1 企业组成的联合体)，且均在投标截止日前提交了投标文件。在该工程项目开标评标及合同签订与执行过程中发生了以下事件。

事件 1：B 企业的投标报价为 4900 万元，其中暂列金额为 160 万元。

事件 2：C 企业的投标报价为 4950 万元，其中对招标工程量清单中的"台阶"项目未填报单价和合价。

事件 3：D 企业的投标报价为 4895 万元，为增加竞争实力，投标时联合体成员变更为 D、D1、D2 企业组成。

事件 4：评标委员会按招标文件评标办法对投标企业的投标文件进行了价格评审，A 企业经评审的投标价最低，最终被推荐为中标单位。合同签订前，业主与 A 企业进行了合同谈判，要求在合同中增加一项原招标文件中未包括的零星工程，合同金额相应增加了 35 万元。

事件 5：A 企业与业主签订合同后，又在外地中标了大型工程项目，遂选择将本项目全部工作转让给了 E 企业，E 企业又将其中三分之一的工程量分包给了 C 企业。

2. 问题

(1) 根据现行《招标投标法》《招标投标法实施条例》和《建设工程工程量清单计价规范》，逐一分析事件 1～事件 3 中各企业的投标文件是否有效，分别说明理由。

(2) 事件 4 和事件 5 中的做法是否妥当？说明理由。

3. 答案

(1) B 企业投标废标，原因是 B 企业投标报价中暂列金额为 160 万元，没有按照招标文件中的 150 万元报价，没有响应招标文件的实质性要求，不符合建设工程工程量清单计价规范要求。

C 企业投标有效，未对"台阶"填写单价和合价，认为已经报到其他项目综合单价中了。

D 企业投标人废标，通过联合体资格预审后，联合体成员不得变动。

(2) 事件 4 中业主的做法不妥，业主应当与 A 企业依据中标人的投标文件和招标文件签订合同，合同的标的、价款、质量、履行期限等主要条款应当与招标文件和中标人的投标文件的内容一致。招标人和中标人不得再订立背离合同实质性内容的其他协议。

事件 5 中 A 企业做法不正确，本项目全部工作转让给 E 企业，属于违法转包；E 企业

做法不正确，E 企业又将 1/3 工程分包给 C 企业属于违法分包。

4.4.3 案例 3——标书的有效性

1. 背景

某工程项目，在施工公开招标中，有 A、B、C、D、E、F、G、H 等施工单位报名投标。

评标委员会由五人组成，其中当地建设行政管理部门的招投标管理办公室主任一人、建设单位代表一人、政府提供的专家库中抽取的技术经济专家三人。

评标时发现，B 施工单位投标报价明显低于其他投标单位报价且未能合理说明理由；D 施工单位投标报价大写金额小于小写金额；F 施工单位投标文件提供的检验标准和方法不符合招标文件的要求；H 施工单位投标文件中某分项工程的报价有个别漏项；其他施工单位的投标文件均符合招标文件要求。

建设单位最终确定 G 施工单位中标，并按照《建设工程施工合同(示范文本)》与该施工单位签订了施工合同。

2. 问题

(1) 指出施工招标评标委员会组成的不妥之处，说明理由，并写出正确做法。

(2) 判别 B、D、F、H 四家施工单位的投标是否为有效标，说明理由。

3. 答案

(1) 评标委员会组成不妥，不应包括当地建设行政管理部门的招投标管理办公室主任。正确组成应为：评标委员会由招标人或其委托的招标代理机构熟悉相关业务的代表以及有关技术、经济等方面的专家组成，成员人数为五人以上(单数)，其中技术、经济等方面的专家不得少于成员总数的 2/3。

(2) B、F 两家施工单位的投标不是有效标。D 单位的情况可以认定为低于成本，F 单位的情况可以认定为是明显不符合技术规格和技术标准的要求，属重大偏差。D、H 两家单位的投标是有效标，它们的情况不属于重大偏差。

4.4.4 案例 4——不平衡报价

1. 背景

某工程招标，允许采用不平衡报价法进行投标报价。A 承包商按正常情况计算出投标估算价后，采用不平衡报价进行了适当调整，调整结果如表 4-4 所示。

假设基础工程完成后开始主体工程，主体工程完成后开始装饰装修工程，中间无间歇时间，各工程中各月完成的工作量相等且能按时收到工程款。年金及一次支付的现值系数如表 4-5 所示。

表4-4 采用不平衡报价法调整的某工程投标报价

内 容	基础工程	主体工程	装饰装修工程	总 价
调整前投标估算价(万元)	340	1866	1551	3757
调整后正式报价(万元)	370	2040	1347	3757
工期(月)	2	6	3	
贷款月利率(%)	1	1	1	

表4-5 现值系数

期 数 现 值	2	3	6	8
$(P/A,1\%,n)$	1.970	2.941	5.795	7.651
$(P/F,1\%,n)$	0.980	0.971	0.942	0.923

2. 问题

(1) A 承包商运用的不平衡报价法是否合理？为什么？

(2) 采用不平衡报价法后，A 承包商所得全部工程款的现值比原投标估价的现值增加了多少元(以开工日为现值计算点)？

3. 答案

(1) A 承包商将前期基础工程和主体工程投标报价调高，将后期装饰装修工程的报价调低，其提高和降低的幅度在 10%左右，且工程总价不变。因此，A 承包商采用的不平衡报价法较为合理。

(2) 采用不平衡报价法后 A 承包商所得全部工程款的现值比原投标估价的现值增加额计算如下。

① 报价调整前的工程款现值为

基础工程每月工程款 $F_1 = 340/2 = 170$(万元)

主体工程每月工程款 $F_2 = 1866/6 = 311$(万元)

装饰工程每月工程款 $F_3 = 1551/3 = 517$(万元)

报价调整前的工程款现值

$F_1(P/A,1\%,2) + F_2(P/A,1\%,6) \times (P/F,1\%,2) + F_3(P/A,1\%,3) \times (P/F,1\%,8)$

$= 3504.52$(万元)

② 报价调整后的工程款现值为

基础工程每月工程款 $F_1 = 370/2 = 185$(万元)

主体工程每月工程款 $F_2 = 2040/6 = 340$(万元)

装饰工程每月工程款 $F_3 = 1347/3 = 449$(万元)

报价调整后的工程款现值

$$F_1(P/A,1\%,2) + F_2(P/A,1\%,6) \times (P/F,1\%,2) + F_3(P/A,1\%,3) \times (P/F,1\%,8)$$
$$= 3515.17(万元)$$

③ 比较两种报价的差额：

$$3515.17 - 3504.52 = 10.65(万元)$$

即采用不平衡报价法后，A承包商所得工程款的现值比原估价现值增加了10.65万元。

4.4.5 案例5——招标

1. 背景

某综合楼工程项目的施工，经当地主管部门批准后，由建设单位自行组织施工，公开招标。

招标工作主要内容为：①成立招标工作小组；②发布招标公告；③编制招标文件；④编制标底；⑤发放招标文件；⑥组织现场踏勘和招标答疑；⑦投标单位资格审查；⑧接收投标文件；⑨开标；⑩确定中标单位；⑪评标；⑫签订承发包合同；⑬发出中标通知书。

现有A、B、C、D共四家经资格审查合格的施工企业参加该工程投标，与评标指标有关的数据如表4-6所示。

表4-6　与评标指标有关的数据

投标单位	A	B	C	D
报价(万元)	3420	3528	3600	3636
工期(天)	460	455	460	450

经招标工作小组确定的评标指标及评分方法如下。

(1) 报价以在标底价(3600万元)的1±3%以内为有效标。评分方法是：报价以标底价减去其3%为100分，在标底价减去其3%的基础上，每上升1%扣5分。

(2) 定额工期为500天。评分方法是：工期提前10%为100分，在此基础上每拖后5天扣2分。

(3) 企业信誉和施工经验均已在资格审查时评定。

企业信誉得分：C单位为100分，A、B、D单位均为95分。施工经验得分：A、B单位为100分，C、D单位为95分。

(4) 上述四项评标指标的总权重分别为：投标报价45%；投标工期25%；企业信誉和施工经验均为15%。

2. 问题

(1) 如果将上述招标工作内容的顺序作为招标工作先后顺序是否妥当？如果不妥，请确定合理的顺序。

(2) 试在表 4-7 中填制每个投标单位各项指标得分及总得分,其中报价得分要求列出计算式。请根据总得分列出名次并确定中标单位。

3. 答案

(1) 题中所列招标顺序不妥。正确的顺序应当是:①成立招标工作小组;②编制招标文件;③编制标底;④发布招标公告;⑤投标单位资格审查;⑥发放招标文件;⑦组织现场踏勘和招标答疑;⑧接收投标文件;⑨开标;⑩评标;⑪确定中标单位;⑫发出中标通知书;⑬签订承发包合同。

(2) 各投标单位得分。

① 报价得分计算如下。

A 单位:报价降低率= $(3420-3600)/3600\times100\% = -5\%$

(注:报价降低率是以标底为基准,而不是以投标报价为基准计算)

A 单位报价率已超出有效标(报价降低率最低为-3%)的范围,因此是废标。

B 单位:报价降低率= $(3528-3600)/3600\times100\% = -2\%$

与报价降低率-3%相比,上升 1%,扣 5 分。

因此 B 单位报价得分为 95 分。

同理可求出 C 单位、D 单位得分,分别为 85 分、80 分(注:具体计算过程略)。

② 填表 4-7。

表 4-7 各项指标得分总得分表

指标 ＼ 投标单位	A	B	C	D	总权数
投标报价(万元)	3420	3528	3600	3636	0.45
报价得分(分)	废标	95	85	80	
投标工期(天)		455	460	450	0.25
工期得分(分)		98	96	100	
企业信誉得分(分)		95	95	95	0.15
施工经验得分(分)		100	95	95	0.15
总得分		96.5	91.5	89.5	1.00
名次		1	2	3	

中标单位为 B 单位。

4.4.6 案例 6——决策树

1. 背景

某承包商经研究决定在 A、B 两个项目中选择一个进行投标。根据过去类似工程的投标经验，项目可分为投高标、低标和不投标，A、B 项目投高标的中标概率均为 0.3；投低标的中标概率均为 0.5。投标获得的利润及概率如表 4-8 所示。

表 4-8　各投标方案的概率及损益值

方　案		效　果	概　率	损益值(万元)
A 项目	投高标	优	0.3	5000
		一般	0.5	1000
		赔	0.2	−3000
	投低标	优	0.6	4000
		一般	0.2	500
		赔	0.2	−4000
	不投标			0
B 项目	投高标	优	0.3	7000
		一般	0.5	2000
		赔	0.2	−3000
	投低标	优	0.3	6000
		一般	0.6	1000
		赔	0.1	−1000

2. 问题

试用决策树法决定投标方案。

3. 答案

先画出决策树，如图 4-3 所示标明各方案的概率和损益值，并计算出各点的期望值。
计算各点的期望值。

节点⑦　$5000 \times 0.3 + 1000 \times 0.5 - 3000 \times 0.2 = 1400$(万元)

节点⑧　$4000 \times 0.2 + 500 \times 0.6 - 4000 \times 0.2 = 300$(万元)

节点⑨　$7000 \times 0.3 + 2000 \times 0.5 - 3000 \times 0.2 = 2500$(万元)

节点⑩　$6000 \times 0.3 + 1000 \times 0.6 - 1000 \times 0.1 = 2300$(万元)

节点②　$1400 \times 0.3 - 50 \times 0.7 = 385$(万元)

节点③　$300 \times 0.5 - 50 \times 0.5 = 125$(万元)

节点④　0

节点⑤　$2500 \times 0.3 - 100 \times 0.7 = 680$(万元)

节点⑥　$2300 \times 0.5 - 100 \times 0.5 = 1100$(万元)

决策：因为②③④⑤⑥节点中点⑥的期望值最大，故应为投标方案，即投 B 项目的底标。

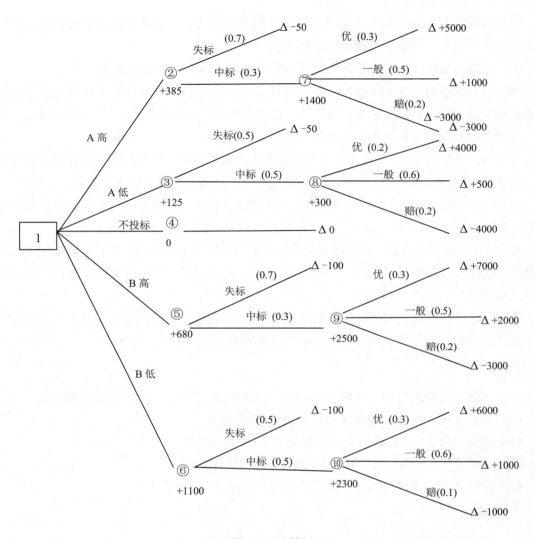

图 4-3 决策树

4.4.7 案例7——招标与评标

1. 背景

某国有资金建设项目，采用公开招标的方式进行施工招标，业主委托具有相应招标代理和造价咨询的中介机构编制了招标文件和招标控制价。

该项目招标文件包括如下规定。

(1) 招标人不组织项目现场勘查活动。

(2) 投标人对资格预审文件有异议的，应当在提交资格预审申请文件截止时间 5 日前提出，否则招标人拒绝回复。

(3) 投标人报价时可以不采用当地建设行政管理部门造价管理机构发布的计价定额中分部分项工程人工、材料、机械台班消耗量标准。

(4) 招标人将聘请第三方造价咨询机构在开标后评标前开展清标活动。

(5) 投标人报价低于招标控制价幅度超过 25%的，投标人在评标时须向评标委员会说明报价较低的理由，并提供证据；投标人不能说明理由、提供证据的，将认定为废标。

在项目的投标及评标过程中发生以下事件。

事件 1：投标人 A 为外地企业，对项目所在区域不熟悉，向招标人申请希望招标人安排一名工作人员陪同勘查现场。招标人同意安排一位普通工作人员陪同投标。

事件 2：清标发现，投标人 A 和投标人 B 的总价和所有分部分项工程综合单价相差相同的比例。

事件 3：通过市场调查，工程清单中某材料暂估单价与市场调查价格有较大偏差，为规避风险，投标人 C 在投标报价计算相关分部分项工程项目综合单价时采用了该材料市场调查的实际价格。

事件 4：评标委员会某成员认为投标人 D 与招标人曾经在多个项目上合作过，从有利于招标人的角度，建议优先选择投标人 D 为中标候选人。

2. 问题

(1) 请逐一分析项目招标文件包括的(1)～(5)项规定是否妥当，并分别说明理由。

(2) 事件 1 中，招标人的做法是否妥当?并说明理由。

(3) 针对事件 2，评标委员会应该如何处理?并说明理由。

(4) 事件 3 中，投标人 C 的做法是否妥当?并说明理由。

(5) 事件 4 中，该评标委员会成员的做法是否妥当?并说明理由。

3. 答案

(1) ①妥当。《招标投标法》第二十一条，招标人根据招标项目的具体情况，可以组织潜在投标人踏勘项目现场。组织踏勘现场不是强制性规定，因此招标人可以根据项目的具体情况组织或不组织项目现场踏勘。

② 不妥当。《招投标法实施条例》第二十二条，潜在投标人或者其他利害关系人对资格预审文件有异议的，应当在提交资格预审申请文件截止时间 2 日前提出。

③ 妥当。投标报价由投标人自主确定，可以依据企业定额的人、材、机消耗量标准，也可以参照造价管理机构发布的相关消耗量标准。

④ 妥当。清标工作组应该由招标人选派或者邀请熟悉招标工程项目情况和招标投标程序、专业水平和职业素质较高的专业人员组成，招标人也可以委托工程招标代理单位、工程造价咨询单位或者监理单位组织具备相应条件的人员组成清标工作组。清标工作组人员的具体数量应该视工作量的大小确定，一般建议应该在 3 人以上。

⑤ 不妥当。不能将因为低于招标控制价一定比例且不能说明理由作为废标的条件。

《评标委员会和评标方法暂行规定》第二十一条规定：在评标过程中，评标委员会发现投标人的报价明显低于其他投标报价或者在设有标底时明显低于标底的，使得其投标报价可能低于其个别成本的，应当要求该投标人作出书面说明并提供相关证明材料。投标人不能合理说明或者不能提供相关证明材料的，由评标委员会认定该投标人以低于成本报价竞标，其投标应作为废标处理。

(2) 事件 1 中，招标人的做法不妥当。根据《招投标法实施条例》第二十八条规定，招标人不得组织单人或部分潜在投标人踏勘项目现场，因此招标人不能安排一名工作人员陪同勘查现场。

(3) 评标委员会应该把投标人 A 和投标人 B 的投标文件作为废标处理。

有下列情形之一的，视为投标人相互串通投标：①不同投标人的投标文件由同一单位或者个人编制；②不同投标人委托同一单位或者个人办理投标事宜；③不同投标人的投标文件载明的项目管理成员为同一人；④不同投标人的投标文件异常一致或者投标报价呈规律性差异；⑤不同投标人的投标文件相互混装；⑥不同投标人的投标保证金从同一单位或者个人的账户转出。

(4) 不妥当。暂估价不能变动和更改。当招标人提供的其他项目清单中列示了材料暂估价时，应根据招标人提供的价格计算材料费，并在分部分项工程量清单与计价表中表现出来。

(5) 不妥当。根据《招投标法实施条例》第四十九条，评标委员会成员应当依照《招标投标法》和本条例的规定，按照招标文件规定的评标标准和方法，客观、公正地对投标文件提出评审意见。招标文件没有规定的评标标准和方法不得作为评标的依据。评标委员会成员不得私下接触投标人，不得收受投标人给予的财物或者其他好处，不得向招标人征询确定中标人的意向，不得接受任何单位或者个人明示或者暗示提出的倾向或者排斥特定投标人的要求，不得有其他不客观、不公正履行职务的行为。

练 习 题

练习题一

背景

某工程项目使用国债资金，在确定施工招标方案时，招标人决定自行招标，并采取邀请招标方式选择施工队伍，评标方法采用经评审的最低投标价法，招标人授权评标委员会直接确定中标人。在招标评标过程中发生了如下事件。

事件 1：本次招标向 A、B、C、D、E 共五家潜在投标人发出邀请，A、B、D、E 潜在投标人均在规定的时间内提交了投标文件，C 潜在投标人于开标后才提交投标文件。

事件 2：评标委员会由五人组成，其中招标人代表一人，招标人上级主管部门代表一人，其余三人从省政府有关部门提供的专家名册中随机抽取产生。

事件 3：在评标过程中，发现 B 投标人的投标文件没有按照招标文件规定的格式进行编制。

事件 4：在评标过程中，发现 A 投标人的投标文件商务部分中有两处用大写表示的数额与用小写表示的数额不一致。

问题

(1) 项目是否可以由招标人自行决定采用邀请招标的方式确定施工队伍？为什么？

(2) 如何处理事件 1～事件 4，并简单陈述理由。

(3) 评标委员会依据什么条件推荐中标候选人，并如何确定中标人？在什么条件下招标人可以依次确定排名第二、第三的中标候选人为中标人？

练习题二

背景

某工程招标，允许采用不平衡报价法进行投标报价。A 承包商按正常情况计算出投标估算价后，采用不平衡报价进行了适当调整，调整结果如表 4-9 所示。

表 4-9　采用不平衡报价法调整的某工程投标报价

内　容	基础工程	主体工程	装饰装修工程	总　价
调整前投标估算价(万元)	560	4500	1500	6560
调整后正式报价(万元)	600	5000	960	6560
工期(月)	4	12	8	
贷款月利率(%)	1	1	1	

假设基础工程完成后开始主体工程，主体工程完成后开始装饰装修工程，中间无间歇时间，各工程中各月完成的工作量相等且能按时收到工程款。年金及一次支付的现值系数如表 4-10 所示。

表 4-10　现值系数

现值 \ 期数	4	8	12	16
$(P/A,1\%,n)$	3.902	7.652	11.255	14.718
$(P/F,1\%,n)$	0.961	0.924	0.887	0.853

问题

(1) A 承包商运用的不平衡报价法是否合理？为什么？

(2) 采用不平衡报价法后，A 承包商所得全部工程款的现值比原投标估价的现值增加了多少元(以开工日为现值计算点)？

练习题三

背景

某综合楼工程项目的施工，经当地主管部门批准后，由建设单位自行组织施工，公开招标。

现有 A、B、C、D 共四家经资格审查合格的施工企业参加该工程投标，与评标指标有关的数据如表 4-11 所示。

表 4-11　与评标指标有关的数据

项目 投标单位	A	B	C	D
报价(万元)	4460	4530	4290	4100
工期(天)	320	300	270	280

经招标工作小组确定的评标指标及评分方法如下。

(1)　报价以在标底价(4500 万元)的 1±3% 以内为有效标。评分方法是：报价以标底价减去其 3% 为 100 分，在标底价减去其 3% 的基础上，每上升 1% 扣 5 分。

(2)　定额工期为 360 天。评分方法是：工期提前 10% 为 100 分，在此基础上每拖后 5 天扣 2 分。

(3)　企业信誉和施工经验均已在资格审查时评定。

企业信誉得分：C 单位为 100 分，A、B、D 单位均为 95 分。施工经验得分：A、D 单位为 100 分，B、C 单位为 95 分。

(4)　上述四项评标指标的总权重分别为：投标报价 40%；投标工期 10%；企业信誉和施工经验均为 25%。

问题

试在表 4-12 中填制每个投标单位各项指标得分及总得分，其中报价得分要求列出计算式。请根据总得分列出名次并确定中标单位。

表 4-12　各项指标得分及总得分表

项目 投标单位	A	B	C	D	总权数
投标报价(万元)					
报价得分(分)					
投标工期(天)					
工期得分(分)					
企业信誉得分(分)					
施工经验得分(分)					
总得分					
名次					

第 5 章　建设工程合同管理与工程索赔

本章学习要求和目标

➢　建设工程施工合同的类型及选择。

➢　建设工程施工合同文件的组成与主要条款。

➢　工程变更价款的确定。

➢　建设工程合同纠纷与分类。

➢　工程索赔的内容与分类。

➢　工程索赔成立的条件与证据。

➢　工程索赔程序。

➢　工程索赔的计算与审核。

5.1 合 同 管 理

5.1.1 施工合同示范文本

施工合同示范文本是国家有关部门或行业颁布的，在全国或行业范围内推荐使用的规范性、指导性的合同文件。施工合同示范文本在避免施工合同双方遗漏某些重要条款、平衡合同各方的风险责任、提升合同履行效率、规范化与程式化地处理纠纷事件等方面有积极的作用。本教材仅介绍行业使用最广泛的《建设工程施工合同(示范文本)》GF—2017—0201。

1. 《建设工程施工合同(示范文本)》的组成

《建设工程施工合同(示范文本)》(GF—2017—0201)(以下简称《示范文本》)由合同协议书、通用合同条款和专用合同条款三部分组成，其中包括 11 个附件。

合同协议书共计 13 条，主要包括工程概况、合同工期、质量标准、签约合同价和合同价格形式、项目经理、合同文件构成、承诺以及合同生效条件等重要内容，集中约定了合同当事人基本的合同权利、义务。

通用合同条款是合同当事人根据《中华人民共和国建筑法》(以下简称《建筑法》)、《中华人民共和国合同法》(以下简称《合同法》)等法律法规的规定，就工程建设的实施及相关事项，对合同当事人的权利、义务做出的原则性约定。通用合同条款共计 20 条，具体条款分别为：一般约定，发包人，承包人，监理人，工程质量，安全文明施工与环境保护，工期和进度，材料与设备，试验与检验，变更，价格调整，合同价格、计量与支付，验收和工程试车，竣工结算，缺陷责任与保修，违约，不可抗力，保险，索赔，争议解决。

专用合同条款是对通用合同条款原则性约定的细化、完善、补充、修改或另行约定的条款。合同当事人可以根据不同建设工程的特点及具体情况，通过双方的谈判、协商对相应的专用合同条款进行修改补充。专用合同条款的编号应与相应的通用合同条款的编号一致。

2. 《示范文本》的性质和适用范围

《示范文本》为非强制性使用文本。《示范文本》适用于房屋建筑工程、土木工程、线路管道和设备安装工程、装修工程等建设工程的施工承发包活动，合同当事人可结合建设工程具体情况，根据《示范文本》订立合同，并按照法律法规规定和合同约定承担相应的法律责任及履行合同。

3. 合同文件的优先顺序

组成合同的各项文件应互相解释，互为说明。除专用合同条款另有约定外，解释合同文件的优先顺序如下。

(1)　合同协议书。

(2)　中标通知书(如果有)。

(3)　投标函及其附录(如果有)。

(4)　专用合同条款及其附件。

(5)　通用合同条款。

(6)　技术标准和要求。

(7)　图纸。

(8)　已标价工程量清单或预算书。

(9)　其他合同文件。

上述各项合同文件包括合同当事人就该项合同文件所作出的补充和修改，属于同一类内容的文件，应以最新签署的为准。

在合同订立及履行过程中形成的与合同有关的文件均构成合同文件组成部分，并根据其性质确定优先解释顺序。

5.1.2　合同类型

1. 按阶段分类

合同按阶段可以分为建设工程勘察合同、建设工程设计合同、建设工程施工合同。

2. 按承发包的方式分类

合同按承发包的方式可以分为建设工程总承包合同、建设工程承包合同、分包合同。

3. 按计价方式分类

合同按计价方式可以分为单价合同、总价合同、其他价格形式。每种合同适用的条件有所不同，其具体规定如下。

(1)　单价合同是指合同当事人约定以工程量清单及其综合单价进行合同价格计算、调整和确认的建设工程施工合同，在约定的范围内合同单价不做调整。合同当事人应在专用合同条款中约定综合单价包含的风险范围和风险费用的计算方法，并约定风险范围以外的合同价格的调整方法。

(2)　总价合同是指合同当事人约定以施工图、已标价工程量清单或预算书及有关条件进行合同价格计算、调整和确认的建设工程施工合同，在约定的范围内合同总价不做调整。合同当事人应在专用合同条款中约定总价包含的风险范围和风险费用的计算方法，并约定风险范围以外的合同价格的调整方法。

(3)　其他价格形式。合同当事人可在专用合同条款中约定其他合同价格形式。

5.1.3 合同价款的调整

1. 以下事项(但不限于)发生，发、承包双方应当按照合同约定调整合同价款

(1) 法律法规变化。

(2) 工程变更。

(3) 项目特征描述不符。

(4) 工程量清单缺项。

(5) 工程量偏差。

(6) 物价变化。

(7) 暂估价。

(8) 计日工。

(9) 现场签证。

(10) 不可抗力。

(11) 提前竣工(赶工补偿)。

(12) 误期赔偿。

(13) 施工索赔。

(14) 暂列金额。

(15) 发、承包双方约定的其他调整事项。

2. 对于以可调价格形式订立的合同，其合同价款调整的范围如下

1) 市场价格波动引起的调整

(1) 价格指数进行价格调整。

① 价格调整公式。

因人工、材料和设备等价格波动影响合同价格时，根据专用合同条款中约定的数据，按以下公式计算差额并调整合同价格：

$$\Delta P = P_0 \left[A + \left(B_1 \times \frac{F_{t1}}{F_{01}} + B_2 \times \frac{F_{t2}}{F_{02}} + B_3 \times \frac{F_{t3}}{F_{03}} + \cdots + B_n \times \frac{F_{tn}}{F_{0n}} \right) - 1 \right]$$

式中：ΔP——需调整的价格差额；

P_0——约定的付款证书中承包人应得到的已完成工程量的金额。此项金额应不包括价格调整、不计质量保证金的扣留和支付、预付款的支付和扣回。约定的变更及其他金额已按现行价格计价的，也不计在内；

A——定值权重(即不调部分的权重)；

$B_1, B_2, B_3, \cdots, B_n$——各可调因子的变值权重(即可调部分的权重)，为各可调因子在签约合同价中所占的比例；

$F_{t1}, F_{t2}, F_{t3}, \cdots, F_{tn}$——各可调因子的现行价格指数，指约定的付款证书相关周期最后一天的前 42 天的各可调因子的价格指数；

$F_{01}, F_{02}, F_{03}, \cdots, F_{0n}$——各可调因子的基本价格指数，指基准日期的各可调因子的价格指数。

以上价格调整公式中的各可调因子、定值和变值权重，以及基本价格指数及其来源在投标函附录价格指数和权重表中约定，非招标订立的合同，由合同当事人在专用合同条款中约定。价格指数应首先采用工程造价管理机构发布的价格指数，无前述价格指数时，可采用工程造价管理机构发布的价格代替。

② 暂时确定调整差额。

在计算调整差额时无现行价格指数的，合同当事人同意暂用前次价格指数计算。实际价格指数有调整的，合同当事人进行相应调整。

③ 权重的调整。

因变更导致合同约定的权重不合理时，按照商定或确定执行。

④ 承包人原因工期延误后的价格调整。

因承包人原因未按期竣工的，对合同约定的竣工日期后继续施工的工程，在使用价格调整公式时，应采用计划竣工日期与实际竣工日期的两个价格指数中较低的一个作为现行价格指数。

(2) 采用造价信息进行价格调整。

合同履行期间，因人工、材料、工程设备和机械台班价格波动影响合同价格时，人工、机械使用费按照国家或省、自治区、直辖市建设行政管理部门、行业建设管理部门或其授权的工程造价管理机构发布的人工、机械使用费系数进行调整；需要进行价格调整的材料，其单价和采购数量应由发包人审批，发包人确认需调整的材料单价及数量，作为调整合同价格的依据。

① 人工单价发生变化且符合省级或行业建设主管部门发布的人工费调整规定，合同当事人应按省级或行业建设主管部门或其授权的工程造价管理机构发布的人工费等文件调整合同价格，但承包人对人工费或人工单价的报价高于发布价格的除外。

② 材料、工程设备价格变化的价款调整按照发包人提供的基准价格，按以下风险范围规定执行。

● 承包人在已标价工程量清单或预算书中载明材料单价低于基准价格的：除专用合同条款另有约定外，合同履行期间材料单价涨幅以基准价格为基础超过 5% 时，或材料单价跌幅以已标价工程量清单或预算书中载明材料单价为基础超过 5% 时，其超过部分据实调整。

● 承包人在已标价工程量清单或预算书中载明材料单价高于基准价格的：除专用合同条款另有约定外，合同履行期间材料单价跌幅以基准价格为基础超过 5% 时，材料单价涨幅以在已标价工程量清单或预算书中载明材料单价为基础超过 5% 时，其超过部分据实调整。

- 承包人在已标价工程量清单或预算书中载明材料单价等于基准价格的：除专用合同条款另有约定外，合同履行期间材料单价涨跌幅以基准价格为基础超过±5%时，其超过部分据实调整。

- 承包人应在采购材料前将采购数量和新的材料单价报发包人核对，发包人确认用于工程时，发包人应确认采购材料的数量和单价。发包人在收到承包人报送的确认资料后5天内不予答复的视为认可，作为调整合同价格的依据。未经发包人事先核对，承包人自行采购材料的，发包人有权不予调整合同价格。发包人同意的，可以调整合同价格。

前述基准价格是指由发包人在招标文件或专用合同条款中给定的材料、工程设备的价格，该价格原则上应当按照省级或行业建设主管部门或其授权的工程造价管理机构发布的信息价编制。

③ 施工机械台班单价或施工机械使用费发生变化超过省级或行业建设主管部门或其授权的工程造价管理机构规定的范围时，按规定调整合同价格。

2) 国家法律、法规和政策变化影响合同价款

招标发包的工程以投标截止日前28天的日期为基准日期，直接发包的工程以合同签订日前28天的日期为基准日期。

基准日期后，法律变化导致承包人在合同履行过程中所需要的费用发生除按(市场价格波动引起的调整)约定以外的增加时，由发包人承担由此增加的费用；减少时，应从合同价格中予以扣减。基准日期后，因法律变化造成工期延误时，工期应予以顺延。

因法律变化引起的合同价格和工期调整，合同当事人无法达成一致的，由总监理工程师按商定或确定的约定处理。

因承包人原因造成工期延误，在工期延误期间出现法律变化的，由此增加的费用和(或)延误的工期由承包人承担。

5.1.4 工程变更价款确定方法

在施工过程中，由于发包人对原设计进行变更，以及经工程师同意的、承包人要求进行的设计变更，会导致合同价款的增减，并可能造成承包人的损失，这些均应由发包人承担，并相应地顺延工期。

1. 变更后合同价款的确定程序

承包人应在收到变更指示后14天内，向监理人提交变更估价申请。监理人应在收到承包人提交的变更估价申请后7天内审查完毕并报送发包人，监理人对变更估价申请有异议，通知承包人修改后重新提交。发包人应在承包人提交变更估价申请后14天内审批完毕。发

包人逾期未完成审批或未提出异议的，视为认可承包人提交的变更估价申请。

因变更引起的价格调整应计入最近一期的进度款中支付。

2. 变更工程价款的确定方法

(1) 已标价工程量清单或预算书有相同项目的，按照相同项目的单价认定。

(2) 已标价工程量清单或预算书中无相同项目，但有类似项目的，参照类似项目的单价认定。

(3) 变更导致实际完成的变更工程量与已标价工程量清单或预算书中列明的该项目工程量的变化幅度超过 15%的，或已标价工程量清单或预算书中无相同项目及类似项目单价的，按照合理的成本与利润构成的原则，由合同当事人按照第 4.4 款(商定或确定)确定变更工作的单价。

5.1.5　工程量的计量

除专用合同条款另有约定外，工程量的计量按月进行。

1. 单价合同的计量

除专用合同条款另有约定外，单价合同的计量按照本项约定执行。

(1) 承包人应于每月 25 日向监理人报送上月 20 日至当月 19 日已完成的工程量报告，并附具进度付款申请单、已完成工程量报表和有关资料。

(2) 监理人应在收到承包人提交的工程量报告后 7 天内完成对承包人提交的工程量报表的审核并报送发包人，以确定当月实际完成的工程量。监理人对工程量有异议的，有权要求承包人进行共同复核或抽样复测。承包人应协助监理人进行复核或抽样复测，并按监理人要求提供补充计量资料。承包人未按监理人要求参加复核或抽样复测的，监理人复核或修正的工程量视为承包人实际完成的工程量。

(3) 监理人未在收到承包人提交的工程量报表后的 7 天内完成审核的，承包人报送的工程量报告中的工程量视为承包人实际完成的工程量，据此计算工程价款。

2. 总价合同的计量

除专用合同条款另有约定外，按月计量支付的总价合同，按照本项约定执行。

(1) 承包人应于每月 25 日向监理人报送上月 20 日至当月 19 日已完成的工程量报告，并附具进度付款申请单、已完成工程量报表和有关资料。

(2) 监理人应在收到承包人提交的工程量报告后 7 天内完成对承包人提交的工程量报表的审核并报送发包人，以确定当月实际完成的工程量。监理人对工程量有异议的，有权要求承包人进行共同复核或抽样复测。承包人应协助监理人进行复核或抽样复测并按监理人要求提供补充计量资料。承包人未按监理人要求参加复核或抽样复测的，监理人审核或修正的工程量视为承包人实际完成的工程量。

(3) 监理人未在收到承包人提交的工程量报表后的 7 天内完成复核的，承包人提交的工程量报告中的工程量视为承包人实际完成的工程量。

5.1.6　工程款(进度款)支付的程序和责任

(1) 除专用合同条款另有约定外，监理人应在收到承包人进度付款申请单以及相关资料后 7 天内完成审查并报送发包人，发包人应在收到后 7 天内完成审批并签发进度款支付证书。发包人逾期未完成审批且未提出异议的，视为已签发进度款支付证书。

发包人和监理人对承包人的进度付款申请单有异议的，有权要求承包人修正和提供补充资料，承包人应提交修正后的进度付款申请单。监理人应在收到承包人修正后的进度付款申请单及相关资料后 7 天内完成审查并报送发包人，发包人应在收到监理人报送的进度付款申请单及相关资料后 7 天内，向承包人签发无异议部分的临时进度款支付证书。存在争议的部分，按照争议解决的约定处理。

(2) 除专用合同条款另有约定外，发包人应在进度款支付证书或临时进度款支付证书签发后 14 天内完成支付，发包人逾期支付进度款的，应按照中国人民银行发布的同期同类贷款基准利率支付违约金。

(3) 发包人签发进度款支付证书或临时进度款支付证书，不表明发包人已同意、批准或接受了承包人完成的相应部分的工作。

发包人应将合同价款支付至合同协议书中约定的承包人账户。

5.1.7　合同中不可抗力事件的处理

不可抗力是指合同当事人不能预见的、不能避免并且不能克服的客观情况。

1. 不可抗力的范围

建设工程施工中不可抗力包括因战争、暴乱、空中飞行物坠落或其他非发包人造成的爆炸、火灾、辐射，以及专用条款约定的风、雨、雪、洪水、地震等自然灾害。对于自然灾害形成的不可抗力，当事人双方订立合同时应在专用条款内予以约定。

2. 不可抗力发生后的合同管理

合同一方当事人遇到不可抗力事件，使其履行合同义务受到阻碍时，应立即通知合同另一方当事人和监理人，书面说明不可抗力和受阻碍的详细情况，并提供必要的证明。

不可抗力持续发生的，合同一方当事人应及时向合同另一方当事人和监理人提交中间报告，说明不可抗力和履行合同受阻的情况，并于不可抗力事件结束后 28 天内提交最终报告及有关资料。

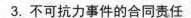

3. 不可抗力事件的合同责任

不可抗力导致的人员伤亡、财产损失、费用增加和(或)工期延误等后果，由合同当事人按以下原则承担。

(1) 永久工程、已运至施工现场的材料和工程设备的损坏，以及因工程损坏造成的第三人人员伤亡和财产损失由发包人承担。

(2) 承包人施工设备的损坏由承包人承担。

(3) 发包人和承包人承担各自人员伤亡和财产的损失。

(4) 因不可抗力影响承包人履行合同约定的义务，已经引起或将引起工期延误的，应当顺延工期，由此导致承包人停工的费用损失由发包人和承包人合理分担，停工期间必须支付的工人工资由发包人承担。

(5) 因不可抗力引起或将引起工期延误，发包人要求赶工的，由此增加的赶工费用由发包人承担。

(6) 承包人在停工期间按照发包人要求照管、清理和修复工程的费用由发包人承担。

不可抗力发生后，合同当事人均应采取措施尽量避免和减少损失的扩大，任何一方当事人没有采取有效措施导致损失扩大的，应对扩大的损失承担责任。

因合同一方迟延履行合同义务，在迟延履行期间遭遇不可抗力的，不免除其违约责任。

因不可抗力导致合同无法履行连续超过 84 天或累计超过 140 天的，发包人和承包人均有权解除合同。

5.1.8　合同争议的处理方法

《合同法》规定，合同争议的处理方式有和解、调解、争议评审、仲裁或诉讼五种方式。

1. 和解

合同当事人可以就争议自行和解，自行和解达成协议的经双方签字并盖章后作为合同补充文件，双方均应遵照执行。

2. 调解

合同当事人可以就争议请求建设行政主管部门、行业协会或其他第三方进行调解，调解达成协议的，经双方签字并盖章后作为合同补充文件，双方均应遵照执行。

3. 争议评审

合同当事人在专用合同条款中约定采取争议评审方式解决争议以及评审规则，并按下列约定执行。

合同当事人可以共同选择一名或三名争议评审员，组成争议评审小组。除专用合同条款另有约定外，合同当事人应当自合同签订后 28 天内，或者争议发生后 14 天内，选定争议评审员。

选择一名争议评审员的，由合同当事人共同确定；选择三名争议评审员的，各自选定一名，第三名成员为首席争议评审员，由合同当事人共同确定或由合同当事人委托已选定的争议评审员共同确定，或由专用合同条款约定的评审机构指定第三名首席争议评审员。争议评审小组应秉持客观、公正原则，充分听取合同当事人的意见，依据相关法律、规范、标准、案例经验及商业惯例等，自收到争议评审申请报告后 14 天内作出书面决定，并说明理由。合同当事人可以在专用合同条款中对本项事项另行约定。争议评审小组作出的书面决定经合同当事人签字确认后，对双方具有约束力，双方应遵照执行。

4. 仲裁或诉讼

因合同及合同有关事项产生的争议，合同当事人可以在专用合同条款中约定以下一种方式解决争议。

(1) 向约定的仲裁委员会申请仲裁。

(2) 向有管辖权的人民法院起诉。

5.1.9　缺陷责任期

(1) 缺陷责任期自实际竣工日期起计算，合同当事人应在专用合同条款约定缺陷责任期的具体期限，但该期限最长不超过 24 个月。

单位工程先于全部工程进行验收，经验收合格并交付使用的，该单位工程缺陷责任期自单位工程验收合格之日起算。因发包人原因导致工程无法按合同约定期限进行竣工验收的，缺陷责任期自承包人提交竣工验收申请报告之日起开始计算；发包人未经竣工验收擅自使用工程的，缺陷责任期自工程转移占有之日起开始计算。

(2) 工程竣工验收合格后，因承包人原因导致的缺陷或损坏致使工程、单位工程或某项主要设备不能按原定目的使用的，则发包人有权要求承包人延长缺陷责任期，并应在原缺陷责任期届满前发出延长通知，但缺陷责任期最长不能超过 24 个月。

(3) 任何一项缺陷或损坏修复后，经检查证明其影响了工程或工程设备的使用性能，承包人应重新进行合同约定的试验和试运行，试验和试运行的全部费用应由责任方承担。

(4) 除专用合同条款另有约定外，承包人应于缺陷责任期届满后 7 天内向发包人发出缺陷责任期届满通知，发包人应在收到缺陷责任期满通知后 14 天内核实承包人是否履行缺陷修复义务，承包人未能履行缺陷修复义务的，发包人有权扣除相应金额的维修费用。发包人应在收到缺陷责任期届满通知后 14 天内，向承包人颁发缺陷责任期终止证书。

5.2　工　程　索　赔

5.2.1　索赔的概念

工程索赔是在工程承包合同履行中，当事人一方由于另一方未履行合同所规定的义务或者出现了应由对方承担的风险而受到损失时，向另一方提出赔偿要求的行为。我国《示范文本》中规定的索赔是双向的，既包括承包人向发包人的索赔，也包括发包人向承包人的索赔。

以上对施工索赔的定义可以说明以下几点。

(1) 索赔是一种合法的正当权利要求，不是无理争利。它是依据合同和法律的规定，向承担责任方索回不应该由自己承担的损失，这完全是合理合法的。

(2) 索赔是双向的。合同的双方都可以向对方提出索赔要求，被索赔方可以对索赔方提出异议，阻止对方不合理的索赔要求。

(3) 索赔的依据是签订的合同和有关法律、法规和规章，索赔成功的主要依据是合同和法律及与此有关的证据。没有合同和法律依据，没有依据合同和法律提出的各种证据，索赔不能成立。

(4) 在工程施工中，索赔的目的是补偿索赔方在工期和经济上的损失。

5.2.2　发生索赔的原因

施工索赔发生的原因大致有以下四个方面。

1. 建筑工程的难度和复杂性增大

随着社会的发展，出现了越来越多的新技术、新工艺，业主对项目建设的质量和功能要求越来越高、越来越完善，因而使设计难度不断增大。另外，施工过程也变得更加复杂。

由于设计难度加大，要求设计人员在设计图纸、规范使用时不出差错。尽善尽美是不可能的，在施工过程中要随时发现问题，随时解决，因而需要进行设计变更，这就会导致施工费用的变化。

2. 合同文件(包括技术规范)前后矛盾和用词不严谨

一般在合同协议书中列出的合同文件，如果发现某几个文件的解释和说明有矛盾，可按合同文件的优先顺序，排在前面的文件的解释说明更具有权威性，尽管这样还可能有些矛盾不好解决。

另外，如果用词不严谨，导致双方对合同条款产生不同的理解，会引起工程索赔。例如"应抹平整""足够的尺寸"，像这样的词容易引起争议，因为没有给出"平整"的标准和多大的尺寸算"足够"。图纸、规范是"死"的，而建筑工程是千变万化的，人们从不同的角度对它的理解会有所不同，这个问题本身就构成了索赔产生的外部原因。

3. 建筑业经济效益的影响

在投标报价中，承包商常采用"靠低标争标，靠索赔盈利"的策略，而业主也常由于建筑成本的不断增加，预算常处于紧张状态。因此，合同双方都不愿承担义务或作出让步。所以工程施工索赔与建筑成本的增长及建筑业经济效率低下有一定的联系。

4. 项目及管理模式的变化

在建筑市场中，工程建设项目采用招投标制，有总包、分包、指定分包、劳务承包、设备材料供应承包等。相关单位会在整个项目的建设中发生经济方面、技术方面、工作方面的联系和影响。在工程实施过程中，管理上的失误往往是难免的。若一方失误，不仅会对自己造成损失，也会连累与此有关系的单位。特别是如果处于关键路线上的工程延期，会对整个工程产生连锁反应。对此若不能采取有效措施及时解决，可能会产生一系列重大索赔，特别是采用边勘测边设计边施工的建设管理模式尤为明显。

5.2.3　工程索赔的内容与分类

1. 工程索赔的内容

(1) 不利自然条件与人为障碍引起的索赔。在处理此类索赔时，一个主要应掌握的原则就是所发生的事件应该是一个有经验的承包人所无法预见的，特别是对不利的气候条件是否构成索赔的处理上，更要把握此原则。

(2) 工程延误索赔。

(3) 因临时中断和工效降低引起的索赔。

(4) 工程加速索赔。由于发包人或工程师指令承包人加快施工速度，缩短工期，引起承包人人力、财力、物力的额外开支而提出的索赔。

(5) 意外风险和不可预见因素索赔。在工程实施过程中，因人力不可抗拒的自然灾害、特殊风险以及一个有经验的承包人通常不能合理预见的不利施工条件或外界障碍，如地下水、地质断层、溶洞、地下障碍物等引起的索赔。

(6) 其他索赔。如因货币贬值、汇率变化、物价、工资上涨、政策法令变化等原因引起的索赔。

2. 工程索赔的分类

1) 按索赔合同依据分类

按索赔合同依据分类，可以将工程索赔分为明示索赔和默示索赔。

(1) 合同中的明示索赔。

合同中的明示索赔是指承包单位所提出的索赔要求，在该工程项目的合同文件中有文字依据，承包单位可以据此提出索赔要求，并取得经济补偿。这些在合同文件中有文字规定的合同条款，称为明示条款。

(2) 合同中的默示索赔。

合同中的默示索赔，即承包单位的该项索赔要求，虽然在工程项目的合同条款中没有专门的文字叙述，但可以根据该合同的某些条款的含义，推论出承包单位有索赔权。这种索赔要求同样有法律效力，有权得到相应的经济补偿。这种有经济补偿含义的条款，在合同管理工作中被称为"默示条款"或称为"隐含条款"。

默示条款是一个广泛的合同概念，它包含合同明示条款中没有写入，但符合双方签订合同时设想的愿望和当时环境条件的一切条款。这些默示条款，或者从明示条款所表述的设想愿望中引申出来，或者从合同双方在法律上的合同关系引申出来，经合同双方协商一致，或被法律和法规所指明，都成为合同文件的有效条款，要求合同双方遵照执行。

2) 按索赔的目的分类

按索赔的目的可以将索赔分为工期索赔和费用索赔。

(1) 工期索赔。

由于非承包单位责任的原因而导致施工进程延误，要求批准顺延合同工期的索赔，称为工期索赔。工期索赔形式上是对权利的要求，以避免在原定合同竣工日不能完工时，被业主追究拖期违约责任。一旦获得批准合同工期顺延后，承包单位不仅可免除承担拖期违约赔偿费的严重风险，而且可能因提前工期而得到奖励，最终仍反映在经济收益上。

承包人在工期可以顺延的情况发生后 14 日内，就延误的内容和因此发生的追加合同价款向工程师提出书面报告。工程师在收到报告后 14 日内予以确认；逾期不予确认也不提出修改意见的，视为同意工期顺延。

当然，工程师确认的工期顺延期限应当是事件造成的合理延误，由工程师根据发生事件的具体情况和工期定额、合同等的规定确认。经工程师确认的顺延的工期应纳入合同工期，作为合同工期的一部分。如果承包人不同意工程师的确认结果，则按合同规定的争议解决方式处理。

(2) 费用索赔。

费用索赔的目的是要求经济补偿，是当施工的客观条件改变导致承包单位增加开支，要求对超出计划成本的附加开支给予补偿，以挽回不应由他承担的经济损失。

3) 按索赔事件的性质分类

按索赔事件的性质可以将索赔分为工程延期索赔、工程变更索赔、合同被迫终止索赔、工程加速索赔、意外风险和不可预见因素索赔及其他索赔。

(1) 工程延期索赔。

工程延期索赔是指因业主未按合同要求提供施工条件，如未及时交付设计图纸、施工现场、道路等，或因业主指令工程暂停或不可抗力事件等原因造成工期拖延的，承包单位提出的索赔。这是工程中常见的一类索赔。

(2) 工程变更索赔。

工程变更索赔是指由于业主或监理工程师指令增加或减少工程量或增加附加工程、修改设计、变更工程顺序等，造成工期延长和费用增加，承包单位提出的索赔。

(3) 合同被迫终止索赔。

合同被迫终止索赔是指由于业主违约以及不可抗力事件等原因造成合同非正常终止，承包单位因蒙受经济损失而向对方提出的索赔。

(4) 工程加速索赔。

工程加速索赔是指由于业主或监理工程师指令承包单位加快施工速度、缩短工期，引起承包单位人、财、物的额外开支而提出的索赔。

(5) 意外风险和不可预见因素索赔。

意外风险和不可预见因素索赔是指在工程实施过程中，因人力不可抗拒的自然灾害、特殊风险以及一个有经验的承包单位通常不能合理预见的不利施工条件或外界障碍，例如地下水、地质断层、溶洞、地下障碍物等引起的索赔。

4) 按索赔的处理方式分类

按索赔的处理方式可以将索赔分为单项索赔和总索赔。

(1) 单项索赔。

单项索赔是针对某一干扰事件提出的。索赔的处理是在合同实施的过程中，干扰事件发生时，或发生后立即执行。必须在合同规定的有效期内提交索赔意向书和索赔报告，它是索赔有效性的保证。须注意的是，索赔报告必须在合同规定的有效期内提交。

(2) 总索赔。

总索赔又叫一揽子索赔或综合索赔。一般在工程竣工前，承包商将施工过程中未解决的单项索赔集中起来，提出一篇总索赔报告。合同双方在工程交付前后进行最终谈判，以解决索赔问题。

总索赔主要适用于单项索赔原因和影响都很复杂，不能立即解决的，或者双方有争议的情况。另外，就是在一些复杂工程中，当干扰事件多，几个干扰事件同时发生，或者有一定的连贯性，互相影响大，难以一一分清的，可以综合在一起提出总索赔。

案例分析中的索赔主要是指工期索赔和费用索赔。

5.2.4　施工索赔的程序

《示范文本》对施工索赔的程序有严格的规定。施工索赔的程序如下。

索赔事件发生后 28 日内，承包人向工程师发出索赔意向通知。 →　发出索赔意向通知后，28 日内承包人向工程师提出费用补偿和 (或)工期补偿的索赔报告及有关资料。 →　监理人应在收到索赔报告后 14 天内完成审查并报送发包人。发包人应在监理人收到索赔报告或有关索赔的进一步证明材料后的 28 天内，由监理人向承包人出具经发包人签字确认的索赔处理结果。 →　工程师在收到索赔报告和有关资料后 28 日内未予答复或未提出进一步要求，则可视为索赔已经成立。

在进行施工索赔时，先要对事件发生的原因进行分析，判断应属于哪一方的责任，是进行工期索赔还是费用索赔，还是两种索赔都涉及。

5.2.5　施工索赔的计算

1. 工期索赔的计算

1)　工期索赔的原因

当由于业主、监理工程师及不可抗力原因引起工期延误时，都可以进行工期索赔，主要有以下几个方面。

(1) 合同文件含义模糊或有歧义。

(2) 工程师未在规定时间内发布图纸和指示。

(3) 承包商遇到一个有经验的承包商无法合理预见的障碍或条件。

(4) 处理现场发掘出具有地质或考古价值的遗迹或物品。

(5) 工程师指示进行合同中未规定的检验。

(6) 业主未按合同规定的时间提供施工所需要的现场和道路。

(7) 业主违约。

(8) 工程变更。

(9) 异常恶劣的气候条件。

(10) 不可抗力事件。

2)　工期索赔的计算方法

工期索赔的计算方法主要有两种，一种是网络分析法，另一种是比例计算法。

(1) 网络分析法。

网络分析法，主要看所受影响的工作时间是否是关键线路的工序。如果是关键线路的工序要进行工期索赔；如果延误的工作为非关键工作，只有当该工作延误后成为关键工作时，才可以进行工期索赔，否则不可以进行工期索赔。

(2) 比例计算法。

采用比例计算法计算工期索赔的计算公式如下。

工期索赔值=受干扰部分工程的合同价/原合同总价×该受干扰部分工期拖延时间

对于已知额外增加工程量的价格：

工期索赔值=额外增加的工程量的价格/原合同总价×原合同总工期

比例计算法简单方便，但有时不尽符合实际情况。比例计算法不适用于变更施工顺序、加速施工、删减工程量等事件的索赔。

需要注意的是，在进行工期索赔时，一定要分清造成工期延误的责任，并且被延误的工作在关键线路上。

2. 费用索赔的计算

费用内容一般包括以下几个方面：人工费、设备费、材料费、保函手续费、贷款利息、保险费、利润和管理费。

费用索赔的计算即按照每项索赔事件所引起损失的费用项目分别分析计算索赔值，然后将各费用项目的索赔值汇总，即可得到总索赔费用值；也可先计算出某项工作索赔后的实际费用再扣减索赔前的费用。

1）总费用法和修正的总费用法

总费用法又称总成本法，就是计算出该项工程的总费用，再从这个已实际开支的总费用中减去投标报价时的成本费用，即为要求补偿的索赔费用额。

总费用法并不十分科学，但仍被经常采用，原因是对于某些索赔事件，难以精确地确定它们导致的各项费用增加额。

一般认为，在具备以下条件时采用总费用法是合理的。

(1) 已开支的实际总费用经过审核，认为是比较合理的。

(2) 承包商的原始报价是比较合理的。

(3) 费用的增加是由于对方原因造成的，其中没有承包商管理不善的责任。

(4) 由于该项索赔事件的性质以及现场记录的不足，难以采用更精确的计算方法。

修正的总费用法是指对难以用实际总费用进行审核的，可以考虑是否能计算出与索赔事件有关的单项工程的实际总费用和该单项工程的投标报价；若可行，可按其单项工程的实际费用与报价的差值来计算其索赔的金额。

2）分项法

分项法是将索赔的损失的费用分项进行计算。其内容如下。

(1) 人工费索赔。

人工费索赔包括额外雇佣劳务人员、加班工作、工资上涨、人员闲置和劳动生产率降低的费用。

对于额外雇佣劳务人员和加班工作，用投标时的人工单价乘以工时数即可；对于人员闲置费用，一般折算为人工单价的 0.75。工资上涨是指由于工程变更，使承包商的大量人力资源的使用从前期推到后期，而后期工资水平上调，因此应得到相应的补偿。

有时工程师指令进行计日工作，则人工费按计日工表中的人工单价计算。

对于劳动生产率降低导致的人工费索赔，一般可采用如下方法计算。

● 实际成本和预算成本比较法。这种方法是对受干扰影响工作的实际成本与合同中的预算成本进行比较，索赔其差额。这种方法需要有正确合理的估价体系和详细的施工记录。如某项工程的现场混凝土楼板制作，原计划为 20 000m^2，估计人工工时为 2000，直接人工成本为 32 000 美元。因业主未及时提供现场施工的场地占有权，使承包商被迫在雨期进行该项工作，实际人工工时为 24 000，人工成本为 38 400 美元，使承包商造成生产率降低的损失为 6400 美元。这种索赔，只要预算成本和实际成本计算合理，成本的增加确属业主的原因，其索赔成功的把握是很大的。

● 正常施工期与受影响工期比较法。这种方法是在承包商的正常施工受到干扰，生产率下降，通过比较正常条件下的生产率和干扰状态下的生产率，得出生产率降低值，以此为基础进行索赔。

索赔费用的计算公式为

索赔费用=计划台班×(劳动生产率降低值/预期劳动生产率)×台班单价

(2) 材料费索赔。

材料费索赔包括材料消耗量增加和材料单位成本增加两个方面。追加额外工作、变更工程性质、改变施工方法等，都可能造成材料用量的增加或使用不同的材料。材料单位成本增加的原因包括材料价格上涨、手续费增加、运输费用(运距加长、二次倒运等)增加、仓储保管费增加等。

材料费索赔需要提供准确的数据和充分的证据。

(3) 施工机械费索赔。

施工机械费索赔包括增加台班数量、机械闲置或工作效率降低、台班费率上涨等费用。台班费率按照有关定额和标准手册取值。对于工作效率降低，应参考劳动生产率降低的人工索赔的计算方法。台班量的计算数据来自机械使用记录。对于租赁的机械，取费标准按租赁合同计算。

对于机械闲置费，有两种计算方法：一是按公布的行业标准租赁费率进行折减计算；二是按定额标准的计算方法，一般建议将其中的不变费用和可变费用分别扣除一定的百分比进行计算。

对于工程师指令进行计日工作的，按计日工作表中的费率计算。

(4) 现场管理费索赔。

现场管理费(工地管理费)包括工地的临时管理费、通信费、办公费、现场管理人员和服务人员的工资等。

现场管理费索赔计算的方法一般为

现场管理费索赔值=索赔的直接成本费用×现场管理费率

现场管理费率的确定可以选用下面的方法。

- 合同百分比法，即管理费率在合同中规定。
- 行业平均水平法，即采用公开认可的行业标准费率。
- 原始估价法，即采用投标报价时确定的费率。
- 历史数据法，即采用以往相似工程的管理费率。

(5) 总部管理费索赔。

总部管理费是承包商的上级部门提取的管理费，如公司总部办公楼折旧费、总部职员工资、交通差旅费、通信费、广告费等。

总部管理费与现场管理费相比，数额较为固定，一般仅在工程延期和工程范围变更时才允许索赔总部管理费。

(6) 融资成本、利润与机会利润损失索赔。

融资成本又称资金成本，即取得和使用资金所付出的代价，其中最主要的是支出资金供应者的利息。由于承包商只有在索赔事件处理完结后一段时间内才能得到其索赔的金额，所以承包商往往需从银行贷款或以自有资金垫付，这就产生了融资成本问题。它主要表现在额外贷款利息的支付和自有资金的机会利润损失。在以下情况中，可以索赔利息。

- 业主推迟支付工程款的保留金，这种金额的利息通常以合同约定的利率计算。
- 承包商借款或动用自有资金弥补合法索赔事项所引起的现金流量缺口，在这种情况下，可以参照有关金融机构的利率标准，或者拟定把这些资金用于其他工程承包可得到的收益计算索赔金额。后者实际上是机会利润损失的计算。

利润是完成一定工程量的报酬，因此在工程量增加时可索赔利润。不同的国家和地区对利润的理解和规定有所不同，有的将利润归入总部管理费中，就不能单独索赔利润。

机会利润损失是由于工程延期或合同终止而使承包商失去承揽其他工程的机会而造成的损失。在某些国家和地区，是可以索赔机会利润损失的。

5.2.6　施工中涉及的其他费用

1. 安全施工方面的费用

安全文明施工费由发包人承担，发包人不得以任何形式扣减该部分费用。因基准日期后合同所适用的法律或政府有关规定发生变化，增加的安全文明施工费由发包人承担。

承包人经发包人同意采取合同约定以外的安全措施所产生的费用，由发包人承担。未经发包人同意的，如果该措施避免了发包人的损失，则发包人在避免损失的额度内承担该措施费；如果该措施避免了承包人的损失，则由承包人承担该措施费。

除专用合同条款另有约定外，发包人应在开工后 28 天内预付安全文明施工费总额的50%，其余部分与进度款同期支付。发包人逾期支付安全文明施工费超过 7 天的，承包人有权向发包人发出要求预付的催告通知，发包人收到通知后 7 天内仍未支付的，承包人有权暂停施工，并按发包人违约的情形执行。

2．专利技术及特殊工艺涉及的费用

发包人要求使用专利技术或特殊工艺，须负责办理相应的申报手续，承担申报、试验、使用等费用。承包人按发包人要求使用，并负责试验等有关工作。承包人提出使用专利技术或特殊工艺，报工程师认可后实施，承包人负责办理申报手续并承担有关费用。

擅自使用专利技术侵犯他人专利权，责任者承担全部后果及所发生的费用。

3．不利物质条件

不利物质条件是指有经验的承包人在施工现场遇到的不可预见的自然物质条件、非自然的物质障碍和污染物，包括地表以下物质条件和水文条件以及专用合同条款约定的其他情形，但不包括气候条件。

承包人遇到不利物质条件时，应采取克服不利物质条件的合理措施继续施工，并及时通知发包人和监理人。通知应载明不利物质条件的内容以及承包人认为不可预见的理由。监理人经发包人同意后应当及时发出指示，指示构成变更的，按变更约定执行。承包人因采取合理措施而增加的费用和(或)延误的工期由发包人承担。

4．异常恶劣的气候条件

异常恶劣的气候条件是指在施工过程中遇到的，有经验的承包人在签订合同时不可预见的，对合同履行造成实质性影响的，但尚未构成不可抗力事件的恶劣气候条件。合同当事人可以在专用合同条款中约定异常恶劣的气候条件的具体情形。

承包人应采取克服异常恶劣的气候条件的合理措施继续施工，并及时通知发包人和监理人。监理人经发包人同意后应当及时发出指示，指示构成变更的，按变更约定办理。承包人因采取合理措施而增加的费用和(或)延误的工期由发包人承担。

5.3　案　例　分　析

5.3.1　案例 1——索赔

1. 背景

某工程在施工过程中发生如下事件。

事件 1：工程进行中，建设单位要求施工单位对某构件做破坏性试验，以验证设计参数的正确性。该试验需修建两间临时试验用房，施工单位提出建设单位应该支付该项试验费用和试验用房修建费用。建设单位认为，该试验费属建筑安装工程检验试验费，试验用房修建费属建筑安装工程措施费中的临时设施费，这两项费用已包含在施工合同价中。

事件2：建设单位提供的建筑材料经施工单位清点入库后，在工程师的见证下进行了检验，检验结果合格。其后，施工单位提出，建设单位应支付建筑材料的保管费和检验费；由于建筑材料需要进行二次搬运，建设单位还应支付该批材料的二次搬运费。

事件3：在工程竣工验收时，为了鉴定某个关键构件的质量，工程师建议采用试验方法进行检验，施工单位要求建设单位承担该项试验的费用。

2. 问题

(1) 事件1中建设单位的说法是否正确?为什么?

(2) 逐项回答事件2中施工单位的要求是否合理，说明理由。

(3) 事件3中试验检验费用应由谁承担?

3. 答案

(1) 不正确。依据《建筑安装工程费用项目组成》的规定，①建筑安装工程费(或检验试验费)中不包括构件破坏性试验费；②建筑安装工程费中的临时设施费不包括试验用房修建费用。

(2)

① 要求建设单位支付保管费合理。依据《示范文本》的规定，建设单位提供的材料，施工单位负责保管，建设单位支付相应的保管费用。

② 要求建设单位支付检验费合理。依据《示范文本》的规定，建设单位提供的材料，由施工单位负责检验，建设单位承担检验费用。

③ 要求建设单位支付二次搬运费不合理。二次搬运费已包含在措施费(或直接费)中。

(3) 若构件质量检验合格，试验检验费由建设单位承担；若构件质量检验不合格，试验检验费由施工单位承担。

5.3.2 案例2——索赔依据

1. 背景

某工程基坑开挖后发现有城市供水管道横跨基坑，须将供水管道改线并对地基进行处理。为此，业主以书面形式通知施工单位停工10天，并同意合同工期顺延10天。为确保继续施工，要求工人、施工机械等不要撤离施工现场，但在通知中未涉及由此造成施工单位停工损失如何处理。施工单位认为对其损失过大，意欲索赔。

2. 问题

(1) 索赔能否成立?索赔证据是什么?

(2) 由此引起的损失费用项目有哪些?

(3) 如果提出索赔要求，应向业主提供哪些索赔文件?

3. 答案

(1) 索赔成立。这是因业主的原因造成的施工临时中断，从而导致承包商工期的拖延和费用支出的增加，因而承包商可提出索赔。

索赔证据为业主以书面形式提出的要求停工通知书，这符合索赔证据的要求中"索赔证据应具有法律证明效力"一条的要求。

(2) 此事项造成的后果是承包商的工人、施工机械等在施工现场窝工 10 天，给承包商造成的损失主要是现场窝工的损失，因此承包的损失费用项目主要有如下几项。

① 10 天的人工窝工费(注意：不是 10 天的人工费或将降效增加的人工费)。

② 10 天的机械台班窝工费。

③ 由于 10 天的停工而增加的现场管理费，即延误停工期间的工地管理费。

损失费用项目不包括总部管理费、利润等。

(3) 索赔文件是承包商向业主索赔的正式书面材料，一般由以下三个部分组成。

① 索赔义项通知。主要是说明索赔事项，列举索赔理由，提出索赔要求。

② 索赔报告。这是索赔材料的正文，其主要内容是事实与理由，即叙述客观事实，合理引用合同条款，建立事实与损失之间的因果关系，说明索赔的合理性和合法性，从而最后提出要求补偿的金额及工期。

③ 附件。包括索赔证据和详细计算书。其作用是为所列举的事实、理由以及所要求的补偿提供证明材料。

5.3.3　案例 3——工期及费用索赔

1. 背景

某建设单位(甲方)与某施工单位(乙方)订立了某工程项目的施工合同。合同工期为 24 天，其经批准的施工网络图如图 5-1 所示。工期每提前 1 天奖励 5000 元，每拖后 1 天罚款 8000 元。

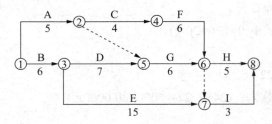

图 5-1　施工网络图

工程施工中发生如下几个事件。

事件 1：因甲方提供的电源出故障造成施工现场停电，使工作 A 和工作 B 的工效降低，作业时间分别拖延 2 天和 1 天。

事件 2：为保证施工质量，乙方在施工中将工作 C 的原设计尺寸扩大，作业时间增加 2 天。

事件 3：因设计变更，工作 E 的工程量由 $300m^3$ 增至 $360m^3$，导致作业时间增加 1 天。

事件 4：鉴于该工程工期较紧，经甲方代表同意，乙方在工作 G 和工作 I 作业过程中采取了加快施工的技术组织措施，使这两项工作作业时间均缩短了 2 天，这两项加快施工的技术组织措施费分别为 2000 元、2500 元。

其余各项工作实际作业时间和费用均与原计划相符。

2. 问题

(1) 上述哪些事件乙方可以提出工期和费用补偿要求？说明理由。

(2) 每项事件的工期补偿是多少天？总工期补偿是多少天？

(3) 该工程实际工期为多少天？工期奖/罚款为多少元？

3. 答案

(1)

事件 1：可以提出工期和费用补偿要求，因为提供可靠电源是甲方的责任。

事件 2：不可以提出工期和费用补偿要求，因为保证工程质量是乙方的责任，其措施费由乙方自行承担。

事件 3：可以提出工期和费用补偿要求，因为设计变更是甲方的责任。

事件 4：不可以提出工期和费用补偿要求，因为加快施工的技术组织措施费应由乙方承担，因加快施工而使工期提前应按工期奖励处理。

(2)

事件 1：工期补偿为 1 天，因为工作 B 在关键线路上，其作业时间拖延的 1 天影响了工期。但工作 A 不在关键线路上，其作业时间拖延的 2 天不影响工期。

事件 2：工期补偿为 0 天。

事件 3：工期补偿为 1 天，因工作 E 是关键工作。

事件 4：工期补偿为 0 天。

总计工期补偿：1+0+1+0=2(天)。

(3)

实际工期为：22 天。

工期提前奖励款为：(24+2-22)×5000=20 000(元)

5.3.4 案例 4——不可抗力索赔

1. 背景

某工程在按合同施工过程中，遇到特大风暴不可抗拒的袭击，造成了相应的损失。风暴结束后 48 小时内，施工单位向项目监理机构通报了风暴损失情况，提出了索赔要求，并附索赔有关材料和证据。索赔报告中的基本要求如下。

(1) 遭受风暴袭击造成的损失，应由建设单位承担赔偿责任。

(2) 已建部分工程造成破坏，损失 150 万元，应由建设单位承担赔偿责任。

(3) 因灾害使施工单位 8 人受伤，处理伤病医疗费用和补偿金额总计 5 万元，建设单位应给予赔偿。

(4) 施工单位总价值 100 万元的待安装设备彻底报废；施工单位租赁的施工设备损坏赔偿 10 万元，其他施工机械闲置损失 2 万元。其他单位临时停放在现场的一辆价值 25 万元的汽车被烧毁。均要求建设单位赔偿。

(5) 风暴过程中施工单位停工 5 天，要求合同工期顺延。

(6) 由于工程遭到破坏，清理现场费为 2 万元，应由建设单位支付。

2. 问题

(1) 以上索赔是否合理？为什么？

(2) 不可抗力发生风险承担的原则是什么？

3. 答案

(1)

① 经济损失应由双方分别承担。

② 索赔成立。建设单位承担 150 万元。

③ 5 万元索赔不成立，由施工单位承担。

④ 施工单位总价值 100 万元的待安装设备、其他单位临时停放在现场 25 万元的汽车损失由建设单位承担。设备损坏赔偿 10 万元及清理现场费 2 万元的索赔不成立。

⑤ 工期索赔成立。

⑥ 费用索赔成立。

(2) 不可抗力风险承担责任的原则如下。

① 工程本身的损失由业主承担。

② 人员伤亡由其所在单位负责，并承担相应费用。

③ 施工单位的机械设备损坏及停工损失，由施工单位承担。

④ 工程所需的清理费用、修复费用，由建设单位承担。

⑤ 延误的工期相应顺延。

5.3.5　案例 5——费用索赔

1. 背景

某工程基坑开挖后发现地下情况和发包商提供的地质资料不符，有古河道，须将河道中的淤泥清除并对地基进行二次处理。为此，业主以书面形式通知施工单位停工10天，并同意合同工期顺延10天。为确保继续施工，要求工人、施工机械等不要撤离施工现场，但在通知中未涉及由此造成施工单位停工损失如何处理。施工单位认为对其损失过大，意欲索赔。

2. 问题

(1) 施工单位的索赔能否成立？索赔证据是什么？

(2) 由此引起的损失费用项目有哪些？

(3) 如果提出索赔要求，应向业主提供哪些索赔文件？

3. 答案

(1) 索赔成立。这是由业主的原因造成的施工临时中断，从而导致承包商工期的拖延和费用支出的增加，因而承包商可提出索赔。

索赔证据为业主以书面形式提出的要求停工通知书。

(2) 此事项造成的后果是承包商的工人、施工机械等在施工现场窝工10天，给承包商造成的损失主要是现场窝工的损失，因此承包商的损失费用项目主要有：10天的人工窝工费；10天的机械台班窝工费；由于10天的停工而增加的现场管理费。

(3) 索赔文件是承包商向业主索赔的正式书面材料，一般由以下三部分组成。

① 索赔义项通知。这主要是说明索赔事项，列举索赔理由，提出索赔要求。

② 索赔报告。这是索赔材料的正文，其主要内容是事实与理由，即叙述客观事实，合理引用合同条款，建立事实与损失之间的因果关系，说明索赔的合理合法性，从而提出要求补偿的金额及工期。

③ 附件。它包括索赔证据和详细计算书。其作用是为所列举的事实、理由以及所要求的补偿提供证明材料。

5.3.6 案例6——索赔报告

1. 背景

某施工单位(乙方)与某建设单位(甲方)签订了某汽车制造厂的土方工程与基础工程合同，承包商在合同标明有松软石的地方没有遇到松软石，因而工期提前1个月。但在合同中另一未标明有坚硬岩石的地方遇到了一些工程地质勘查没有探明的孤石。由于排除孤石拖延了一定的时间，使得部分施工任务不得不赶在雨期进行。施工过程中遇到数天季节性大雨后又转为特大暴雨，引起山洪暴发，造成现场临时道路、管网和施工用房等设施以及已施工的部分基础被冲坏，施工设备损坏，运进现场的部分材料被冲走，乙方数名施工人员受伤，雨后乙方用了很多工时清理现场和恢复施工条件。为此乙方按照索赔程序提出了延长工期和费用补偿要求。

2.问题

(1) 乙方提出的索赔要求能否成立?为什么?

(2) 一份完整的索赔报告通常由哪些内容组成?

3.答案

(1) 对处理孤石引起的索赔,这是预先无法估计的地质条件变化,属于甲方应承担的风险,应给予乙方工期顺延和费用补偿。

对于天气条件变化引起的索赔应分两种情况处理。

① 对于前期的季节性大雨,这是一个有经验的承包商预先能够合理估计的因素,应在合同工期内考虑,由此造成的时间和费用损失不能给予补偿。

② 对于后期特大暴雨引起的山洪暴发不能视为一个有经验的承包商预先能够合理估计的因素,应按不可抗力处理由此引起的索赔问题。被冲坏的现场临时道路、管网和施工用房等设施以及已施工的部分基础,被冲走的部分材料,清理现场和恢复施工条件等经济损失应由甲方承担;损坏的施工设备,受伤的施工人员以及由此造成的人员窝工和设备闲置等经济损失应由乙方承担,工期顺延。

(2) 索赔报告的内容由以下几部分组成。

① 标题。索赔报告的标题应该能够简要、准确地概括出索赔的中心内容。

② 事件叙述。其主要包括:事件发生的时间、工程部位、发生的原因、影响的范围、承包商当时采取的防止事件扩大的措施、事件持续的时间、承包方已经向发包方报告的次数及日期、最终结束影响的时间、事件处置过程中的有关主要人员办理的有关事项等。

③ 索赔的理由。明确指出依据合同条款某条、协议某条、某日会议记录,证明自身是有合理、合法的索赔资格的。

④ 经济支出和费用计算。应指明计算依据及计算资料的合理性,如合同中已经规定的计算原则、发包方已经认可的计算资料。除必须明确计算结果的汇总额外,还应在正文后附上详细的计算过程和证明资料。

⑤ 附注及本报告时间。当编写报告人员对某些问题的粗略计算具有商讨性质时,表示有商量余地,应在附注中写明。另外,还要注明提出索赔的时间。

练 习 题

练习题一

背景

某工程的施工合同工期为16周,项目监理机构批准的施工进度计划如图5-2所示(时间单位：周)。各工作均按匀速施工。施工单位的报价单(部分)如表 5-1 所示。

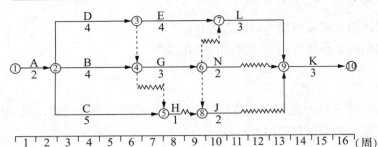

图 5-2 施工进度计划

表 5-1 施工单位的报价单(部分)

序 号	工作名称	估算工程量	全费用综合单价(元/米)	合价(万元)
1	A	1000m³	300	30
2	B	1200m³	320	38.4
3	C	20 次	—	—
4	D	1000m³	280	28

工程施工到第 4 周时进行进度检查，发生如下事件。

事件 1：工作 A 已经完成，但由于设计图纸局部修改，实际完成的工程量为 840m³，工作持续时间未变。

事件 2：工作 B 施工时，遇到异常恶劣的气候，造成施工单位的施工机械损坏和施工人员窝工，损失 1 万元，实际只完成估算工程量的 25%。

事件 3：工作 C 为检验检测配合工作，只完成了估算工程量的 20%，施工单位实际发生检验检测配合工作费用 5000 元。

事件 4：施工中发现地下文物，导致工作 D 尚未开始，造成施工单位自有设备闲置 4 个台班，台班单价为 300 元/台班，折旧费为 100 元/台班。施工单位进行文物现场保护的费用为 1200 元。

事件 5：工作 D 于第 8 周末完成，由于业主未及时提供图纸，工作 E 无法开始工作，图纸到第 10 周末才提供给承包商，但是施工单位的机具在第 9 周末出现故障，到第 11 周末才修好，工作 E 开始工作。

问题

(1) 若施工单位在第 4 周末就工作 B、C、D 出现的进度偏差提出工程延期的要求，工程师应批准工程延期多长时间？为什么？

(2) 施工单位是否可以就事件 2、事件 4 提出费用索赔？为什么？可以获得的索赔费用是多少？

(3) 事件 3 中工作 C 发生的费用如何结算？

(4) 对于事件 5，施工单位提出工期索赔，工程师应批准工程延期多长时间？为什么？

练习题二

背景

某工程项目采用单价合同，在施工过程中发生了以下事件。

(1) 原定于 5 月 10 日前由甲方供应的材料因材料生产厂家所在地区出现沙尘暴，材料 5 月 15 日运至施工现场，致使施工单位停工。影响人工 50 个工日，机械台班 10 个。乙方据此提出索赔。

(2) 5 月 12 日—5 月 20 日乙方施工机械出现故障无法修复，5 月 21 日起乙方租赁设备开始施工，乙方据此提出索赔。

(3) 甲方提出设计变更，增加人工 100 工日，机械台班 10 个，乙方提出索赔。

(4) 5 月 21 日—5 月 25 日施工现场所在地区发生风暴导致工程停工，影响人工 80 个工日，机械台班 10 个，乙方提出索赔。

问题

(1) 对事件 1 至事件 4 确定乙方索赔要求是否合理，并说明理由。

(2) 说明不可抗力风险承担责任的原则。

练习题三

背景

某建筑公司(乙方)于某年 4 月 20 日与某厂(甲方)签订了修建建筑面积为 3000m² 工业厂房(带地下室)的施工合同。

乙方编制的施工方案和进度计划已获监理工程师批准。该工作的基坑开挖土方量为 4500m³，假设直接费单价为 4.2 元/m³。

甲、乙双方合同约定 6 月 11 日开工，6 月 20 日完工。在实际施工中发生了如下几项事件。

(1) 因租赁的挖掘机大修，晚开工 2 天，造成人员窝工 15 个工日。

(2) 施工过程中，因遇软土层，接到监理工程师 6 月 15 日停工的指令，进行地质复查，配合用工 20 个工日。

(3) 6 月 19 日接到监理工程师于 6 月 20 日复工令，同时提出基坑开挖深度加深 2m 的设计变更通知单。由此增加土方开挖量 900m³。

(4) 6 月 20 日—6 月 22 日，因下大雨迫使基坑开挖暂停，造成人员窝工 15 个工日。

(5) 6 月 23 日用 30 个工日修复冲坏的永久性道路；6 月 24 日恢复挖掘工作；最终基坑于 6 月 30 日开挖完毕。

问题

(1) 上述哪些事件乙方可以向甲方要求索赔？哪些事件不可以要求索赔？并说明原因。

(2) 每项事件工期索赔各是多少天？总计工期索赔多少天？

(3) 乙方应向甲方提供的索赔文件有哪些？

第 6 章　工程价款结算与竣工决算

本章学习要求和目标

➢ 建筑安装工程价款结算的方法。

➢ 工程备料款的确定、扣还及工程进度款的收取方法。

➢ 工程竣工决算的审查方法。

➢ 工程价款的动态结算方法。

6.1 工程价款结算

6.1.1 工程结算概述

工程价款的结算是指承包商在工程实施过程中,依据承包合同中的付款条款的规定和已经完成的工程量,按照规定程序向建设单位(业主)收取工程价款的一项经济活动。

6.1.2 工程结算的依据

编制工程结算是一项严肃而细致的工作,既要正确地执行国家或地方的有关规定,又要实事求是地核算施工企业完成的工程价值。其结算的编制依据如图 6-1 所示。

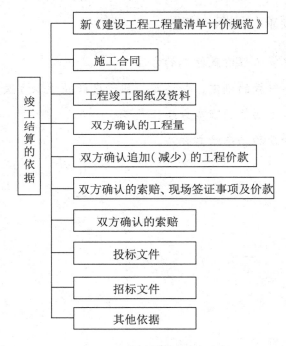

图 6-1　工程结算编制的依据

6.1.3 工程结算的方式

工程结算从大的方面分为中间结算和竣工结算两种情况,具体分为按月结算、分段结算、目标价款结算、竣工结算,以及双方约定的其他结算方式。

1．按月结算

按月结算实行旬末或月中预支、月终结算、竣工后清算的办法。跨年度的工程，在年终进行工程盘点，办理年度结算。我国现行建筑安装工程价款结算中，相当一部分是实行这种按月结算的方式。

年终结算是指单位或单项工程不能在本年度竣工，而要转入下年继续施工，为了正确地统计施工企业本年度的经营成果和建设投资完成情况，由施工企业、建设单位和建设银行对正在施工的工程进行已完成和未完成工程量盘点，结算本年度的工程价款。

2．分段结算

分段结算是指当年开工、当年不能竣工的单项(或单位)工程，按其施工进度划分为若干施工阶段，按阶段进行工程价款结算。分段的划分标准由各部门、各地市规定。

3．目标价款结算

目标价款结算是指在工程合同中，将承包工程的内容分解成不同的控制界面，以建设单位验收控制界面作为支付工程价款的前提条件。也就是说，将合同中的工程内容分解成不同的验收单元，当承包商完成单元工程内容并经建设单位验收后，业主支付构成单元工程内容的工程价款。

4．竣工结算

建筑工程竣工结算是指施工企业按照合同规定的内容全部完成所承包的工程，经验收质量合格并符合合同要求之后，向发包单位进行的最终工程价款结算。工程竣工结算一般由施工单位编制，建设单位审核，按照合同规定签字盖章，最后通过银行办理工程价款。

在实际工作中，当年开工当年竣工的工程，只需办理一次性结算；跨年度的工程，可在年终办理一次年终结算，将未完工程转到下一年度，这时竣工结算等于各年度结算的总和。

6.1.4　工程结算的计算规则

进行工程结算时，要根据现行的工程量计算规则、现行的计价程序、合同约定及确认的工程变更和索赔进行结算。其计算规则如图 6-2 所示。

```
┌─────────────────────────────────────────────────────────────┐
│  新《建设工程工程量清单计价规范》规定竣工结算的计算规则         │
└─────────────────────────────────────────────────────────────┘
```

分部分项工程费	措施项目费	其他项目费	规费和税金
依据双方确认的工程量、合同约定的综合单价或双方确认调整后的综合单价计算	依据合同约定的项目和金额、双方确认调整的金额计算。其中安全文明施工费应按照国家或省级、行业建设主管部门的规定计价，不得作为竞争性费用	1. 计日工：应按发包方实际签证确认的事项计算。 2. 暂估价中的材料单价：应按发、承包双方最终确认价在综合单价中调整。 3. 专业工程暂估价：应按中标价或发包方、承包方与分包方最终确认价计算。 4. 总承包服务费：应依据合同约定金额，发、承包双方确认调整的金额计算。 5. 索赔费用：应依据发、承包双方确认的索赔事项和金额计算。 6. 现场签证费：应依据发、承包双方签证资料确认的金额计算。 7. 暂列金额：应减去工程价款调整与索赔、现场签证金额计算，如有余额归发包人	按国家或省级、行业建设主管部门的规定计算，不得作为竞争性费用

图 6-2　竣工结算的计算规则

6.1.5　中间结算

中间结算又称工程进度款的支付，是指施工企业在施工过程中，按逐月完成的工程量计算各项费用，向建设单位办理工程进度款的支付。

1. 工程预付款

1)　工程预付款的确定

预付款用于承包人为合同工程施工购置材料、工程设备，购置或租赁施工设备、修建临时设施以及组织施工队伍进场等所需的款项。预付款的支付比例不宜高于合同价款的30%。承包人对预付款必须专用于合同工程。

承包人应在签订合同或向发包人提供与预付款等额的预付款保函(如有)后向发包人提交预付款支付申请；发包人应对在收到支付申请的 7 天内进行核实后向承包人发出预付款支付证书，并在签发支付证书后的 7 天内向承包人支付预付款。

发包人没有按时支付预付款的，承包人可催告发包人支付；发包人在付款期满后的 7 天内仍未支付的，承包人可在付款期满后的第 8 天起暂停施工。发包人应承担由此增加的费用和(或)延误的工期，并向承包人支付合理利润。

预付款应从每支付期应支付给承包人的工程进度款中扣回，直到扣回的金额达到合同约定的预付款金额为止。

承包人的预付款保函(如有)的担保金额根据预付款扣回的数额相应递减，但在预付款全部扣回之前一直保持有效。发包人应在预付款扣完后的 14 天内将预付款保函退还给承包人。

预付款的数额取决于主要材料(包括构配件)占建筑安装工作量的比例、材料储备期和施工期等因素。预收备料款的数额可按式(6-1)计算。

$$预收备料款的数额=年度建安工作量×主要材料占建安工程量的比例/年度施工日历天数$$
$$×材料储备天数 \qquad (6-1)$$

式中，材料储备的天数可近似按式(6-2)计算。

$$某材料储备天数=(经常储备量+安全储备量)/平均日需要量 \qquad (6-2)$$

计算出各种材料的储备天数后，取其中最大值作为预收备料款数额公式中的材料储备天数。在实际工作中为简化计算，预收备料款数额也可按式(6-3)计算。

$$预收备料款的数额=工程总造价×工程预付款额度 \qquad (6-3)$$

式中，工程预付款额度是根据各地区工程类别、施工工期以及供应条件来确定的，一般建筑工程不应超过当年建筑工作量(包括水、暖、电)的 30%，安装工程按年工作量的 10%，材料比例大的按计划产值的 15%(各地可根据具体情况自行规定工程预付款额度)。

2)　工程预付款的扣还

按照《示范文本》的规定，甲、乙双方应当在专用条款中约定甲方向乙方预付工程款的时间和数额，在开工后按约定的时间和比例逐次扣回。

确定预付款开始抵扣时间，应该以未施工工程所需主要材料及构配件的耗用额刚好同预拨备料款相等为原则。起扣点可按式(6-4)计算。

$$预收备料款起扣点=\frac{1-预收备料款的额度(\%)}{主要材料建安工作量的比例(\%)}×100\% \qquad (6-4)$$

2. 安全文明施工费

发包人应在工程开工后的 28 天内预付不低于当年的安全文明施工费总额的 50%，其余部分与进度款同期支付。发包人没有按时支付安全文明施工费的，承包人可催告发包人支付；发包人在付款期满后的 7 天内仍未支付的，若发生安全事故的，发包人应承担连带责任。

3. 总承包服务费

发包人应在工程开工后的 28 天内向承包人预付总承包服务费的 20%，分包进场后，其余部分与进度款同期支付。发包人未按合同约定向承包人支付总承包服务费，承包人可不履行总包服务义务，由此造成的损失(如有)由发包人承担。

4. 进度款

《建设工程工程量清单计价规范》(GB50500—2013)中对工程进度款的支付做了如下详细规定。

进度款支付周期，应与合同约定的工程计量周期一致。承包人应在每个计量周期到期后的 7 天内向发包人提交已完工程进度款支付申请一式四份，详细说明此周期自己认为有权得到的款额，包括分包人已完工程的价款。支付申请的内容包括以下几方面。

(1) 累计已完成工程的工程价款。

(2) 累计已实际支付的工程价款。

(3) 本期间已完成的工程价款。

(4) 本期间已完成的计日工价款。

(5) 应支付的调整工程价款。

(6) 本期间应扣回的预付款。

(7) 本期间应支付的安全文明施工费。

(8) 本期间应支付的总承包服务费。

(9) 本期间应扣留的质量保证金。

(10) 本期间应支付的、应扣除的索赔金额。

(11) 本期间应支付或扣留(扣回)的其他款项。

(12) 本期间实际应支付的工程价款。

累计工程款超过起扣点的当月应支付工程款=当月完成工作量-(截至当月累计工程款

-起扣点)×主要材料所占比例　　　　　(6-5)

累计工程款超过起扣点的以后各月应支付的工程款=当月完成的工作量×

(1-主要材料所占比例)　　　　(6-6)

中间结算主要涉及两个方面的内容，即工程量的确认和合同收入的组成。

① 工程量的确认。有两个内容要注意：一个是有关时间的规定；另一个是对乙方超出设计图纸范围和因自身原因造成返工的工程量，甲方不予计量。

② 合同收入的组成。要清楚合同收入包括两部分内容，既包括在合同中规定的初始收入，又包括因合同变更、索赔、奖励等构成的收入。而后一部分收入并不含在合同金额中，因此在计算诸如保修金等以合同金额为基础进行计算的内容时，不要将这一部分收入计入其中。

6.1.6　清单形式合同价款结算规定

在当前的很多工程中采用工程量清单进行结算，见式(6-7)～式(6-10)。

清单形式合同价款=分部分项工程量清单计价费用+

措施项目清单计价费用+其他项目计价费用+规费+税金　　(6-7)

保修金数值=(清单形式合同价款+索赔费用+奖励费用+价款变更费用

+不包括在合同价款之内应由甲方支付的费用)×保修金扣留比例　　(6-8)

清单形式材料预付款=计算基数×(1+规费费率)×(1+税率)

×双方约定材料预付款比例　　　　(6-9)

清单形式措施项目预付款=计算基数×(1+规费费率)×(1+税率)

　　　　　　　×双方约定措施预付款比例(乙方支取不扣还)　　　(6-10)

6.1.7　竣工结算

1. 办理竣工结算应具备的依据

在办理竣工结算时，应具备下列依据。

(1) 工程竣工报告和竣工验收单。

(2) 工程施工合同或施工协议书。

(3) 施工图预算书、经过审批的补充修正预算书以及施工过程中的中间结算账单。

(4) 工程中因增减设计变更、材料代用而引起的工程量增减账单。

(5) 其他有关工程经济方面的资料。

在办理竣工结算时，要注意索赔价款结算及合同以外零星项目的工程价款结算。

索赔价款结算，发包方未能按合同约定履行自己的各项义务或发生错误，给另一方造成经济损失的，由受损方按合同约定提出索赔，索赔金额按合同规定支付。

在进行合同以外零星项目工程价款结算时，发包方要求承包方完成合同以外的零星项目，承包方应在接受发包方要求的 7 天内就用工数量和单价、机械台班数量和单价、使用材料和金额等向发包方提出施工签证，发包方签证后施工，如发包方未签证，承包方施工后发生争议的，责任由承包人自负。

办理工程竣工结算的一般公式如下。

竣工结算工程价款=合同价款额＋施工过程中合同价款调整额-

　　　　　　　预付及已经结算工程价款-保修金　　　　　　(6-11)

2. 竣工结算的程序

1) 竣工结算申请

除专用合同条款另有约定外，承包人应在工程竣工验收合格后 28 天内向发包人和监理人提交竣工结算申请单，并提交完整的结算资料，有关竣工结算申请单的资料清单和份数等要求由合同当事人在专用合同条款中约定。

除专用合同条款另有约定外，竣工结算申请单应包括以下内容。

(1) 竣工结算合同价格。

(2) 发包人已支付承包人的款项。

(3) 应扣留的质量保证金。已缴纳履约保证金的或提供其他工程质量担保方式的除外。

(4) 发包人应支付承包人的合同价款。

2) 竣工结算审核

除专用合同条款另有约定外，监理人应在收到竣工结算申请单后 14 天内完成核查并报送发包人。发包人应在收到监理人提交的经审核的竣工结算申请单后 14 天内完成审批，并由监理人向承包人签发经发包人签认的竣工付款证书。监理人或发包人对竣工结算申请单有异议的，有权要求承包人进行修正和提供补充资料，承包人应提交修正后的竣工结算申请单。

发包人在收到承包人提交竣工结算申请书后 28 天内未完成审批且未提出异议的，视为发包人认可承包人提交的竣工结算申请单，并自发包人收到承包人提交的竣工结算申请单后第 29 天起视为已签发竣工付款证书。

除专用合同条款另有约定外，发包人应在签发竣工付款证书后的 14 天内，完成对承包人的竣工付款。发包人逾期支付的，按照中国人民银行发布的同期同类贷款基准利率支付违约金；逾期支付超过 56 天的，按照中国人民银行发布的同期同类贷款基准利率的两倍支付违约金。

承包人对发包人签认的竣工付款证书有异议的，对于有异议部分应在收到发包人签认的竣工付款证书后 7 天内提出异议，并由合同当事人按照专用合同条款约定的方式和程序进行复核，或按照合同中"争议解决"约定处理。对于无异议部分，发包人应签发临时竣工付款证书，并按约定完成付款。承包人逾期未提出异议的，视为认可发包人的审批结果。

竣工结算程序如图 6-3 所示。

3. 最终结清

承包人应在缺陷责任期终止证书颁发后 7 天内，按专用合同条款约定的份数向发包人提交最终结清申请单，并提供相关证明材料。发包人应在收到承包人提交的最终结清申请单后 14 天内完成审批并向承包人颁发最终结清证书。发包人逾期未完成审批，又未提出修改意见的，视为发包人同意承包人提交的最终结清申请单，且自发包人收到承包人提交的最终结清申请单后 15 天起视为已颁发最终结清证书。

发包人应在颁发最终结清证书后 7 天内完成支付。发包人逾期支付的，按照中国人民银行发布的同期同类贷款基准利率支付违约金；逾期支付超过 56 天的，按照中国人民银行发布的同期同类贷款基准利率的两倍支付违约金。

承包人对发包人颁发的最终结清证书有异议的，按争议解决的约定办理。

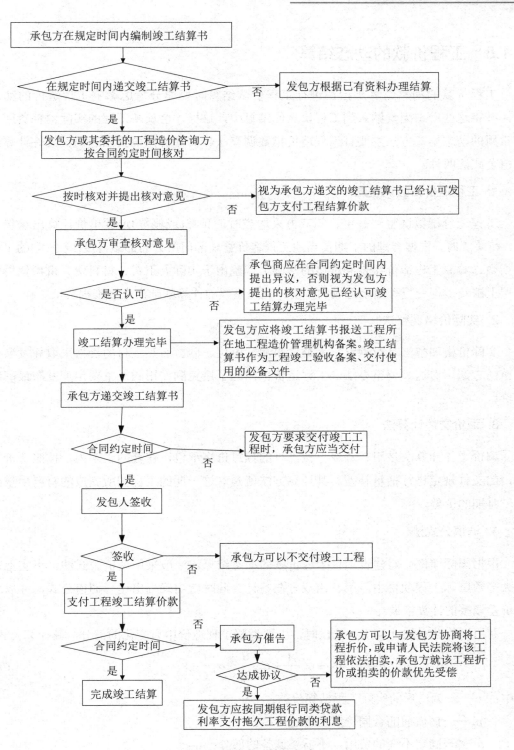

图 6-3　竣工结算的程序

6.1.8　工程价款的动态结算

工程价款的动态结算是指在进行工程价款结算时要充分考虑影响工程造价的动态因素，并将这些动态因素纳入到工程价款的结算中，这样才会反映工程的实际消耗费用。目前常用的动态结算方法主要有工程造价指数调整法、实际价格调整法、调价文件计算法、调值公式法四种。

1. 工程造价指数调整法

工程造价指数调整法是甲、乙双方采取当时的预算(或概算)定额单价计算出承包合同价，待竣工时，根据合理的工期及当地工程造价管理部门所公布的该月度(或季度)的工程造价指数，对原工程造价在定额价格的基础上调整由于实际人工费、材料费、机械使用费等费用上涨及工程变更等因素造成的价差。调整系数的计算基础为直接工程费。

2. 实际价格调整法

实际价格调整法是对钢材、木材、水泥、砌块、砂、石等主材的价格采取凭发票据实调整的方法。对这种调整办法，工程造价部门为了避免副作用的发生要定期发布最高结算限价。

3. 调价文件计算法

调价文件计算法是甲、乙双方按当时的预算价格承包，在合同工期内，按照造价管理部门的文件规定进行抽料补差。其计算方法就是对这一期的工程按所完成的材料用量乘以这一时期的价差。

4. 调值公式法

根据国际惯例，对建设项目工程价款的动态结算，一般采用调值公式法。事实上，在绝大多数国际工程项目中，甲、乙双方在签订合同时就明确列出这一调值公式，并以此作为价差调整的计算依据。

利用调值公式法计算工程价款时，主要调整工程造价中有变化的部分。其计算公式为

$$p = p_0 \left(\alpha_0 + \alpha_1 \frac{A}{A_0} + \alpha_2 \frac{B}{B_0} + \alpha_3 \frac{C}{C_0} + \cdots \right) \tag{6-12}$$

式中：　p ——调值后的实际工程结算价款；

p_0 ——调值前的合同价或工程进度款；

α_0 ——固定不变的费用，不需要调整的部分；

α_1、α_2、α_3、……——各有关费用在合同总价中的权重；

A_0、B_0、C_0、……——α_1、α_2、α_3、……对应的各项费用的基期价格或价格指数；

A、B、C、…——在工程结算月份与 α_1、α_2、α_3、…对应的各项费用的现行价格或价格指数。

上述各部分费用占合同总价的比例应在投标时要求承包方提出，并在价格分析中予以论证；也可以由业主在招标文件中规定一个范围，由投标人在此范围内选定。

6.1.9　质量保证(修)金

1. 质量保证金提供的方式

承包人提供质量保证金有以下三种方式。

(1) 质量保证金保函。

(2) 相应比例的工程款。

(3) 双方约定的其他方式。

2. 质量保证金的扣留

质量保证金的扣留有以下三种方式。

(1) 在支付工程进度款时逐次扣留，在此情形下，质量保证金的计算基数不包括预付款的支付、扣回以及价格调整的金额。

(2) 工程竣工结算时一次性扣留质量保证金。

(3) 双方约定的其他扣留方式。

除专用合同条款另有约定外，质量保证金的扣留原则上采用上述第(1)种方式。

发包人累计扣留的质量保证金不得超过工程价款结算总额的3%。如承包人在发包人签发竣工付款证书后28天内提交质量保证金保函，发包人应同时退还扣留的作为质量保证金的工程价款；保函金额不得超过工程价款结算总额的3%。

发包人在退还质量保证金的同时按照中国人民银行发布的同期同类贷款基准利率支付利息。

3. 质量保证金的退还

缺陷责任期内，承包人认真履行合同约定的责任，到期后(最长不能超过24个月)，承包人可向发包人申请返还保证金。

发包人在接到承包人返还保证金申请后，应于14天内会同承包人按照合同约定的内容进行核实。如无异议，发包人应当按照约定将保证金返还给承包人。对返还期限没有约定或者约定不明确的，发包人应当在核实后14天内将保证金返还承包人，逾期未返还的，依法承担违约责任。发包人在接到承包人返还保证金申请后14天内不予答复，经催告后14天内仍不予答复，视同认可承包人的返还保证金申请。

6.1.10　工程竣工结算的审查

工程竣工结算审查是竣工结算阶段的一项重要工作。经审查核定的工程竣工结算是核定建设工程造价的依据，也是建设项目验收后编制竣工决算和核定新增固定资产价值的依据。一般从以下几方面入手。

1. 核对合同条款

首先，应该对竣工工程内容是否符合合同条件要求、工程是否竣工验收合格进行审查，只有按合同要求完成全部工程并验收合格才能列入竣工结算。其次，应按合同约定的结算方法、计价定额、取费标准、主材价格和优惠条款等，对工程竣工结算进行审核，若发现合同开口或有漏洞，应请建设单位与施工单位认真研究，明确结算要求。

2. 检查隐蔽验收记录

审核竣工结算时应该核对隐蔽工程施工记录和验收签证，手续完整、工程量与竣工图一致方可列入结算。

3. 落实设计变更签证

设计修改变更应由原设计单位出具设计变更通知单和修改图纸，设计、校审人员签字并加盖公章，经建设单位和监理工程师审查同意后签证；重大设计变更应经原审批部门审批，否则不应列入结算。

4. 按图核实工程数量

竣工结算的工程量应依据竣工图、设计变更单和现场签证等进行核算，并按国家统一规定的计算规则计算工程量。

5. 严格执行合同约定单价

结算单价应按合同约定或招投标规定的计价定额与计价原则执行。

6. 注意各项费用的计取

建安工程的取费标准应按合同要求或项目建设核实各项费率、价格指数或换算系数是否正确，价差调整计算是否符合要求，再核实特殊费用和计算程序。要注意各项费用的计取基数，如安装工程间接费等是以人工费为基数，这个人工费是定额人工费与人工费调整部分之和。

7. 防止各种计算误差

工程竣工结算子目多、篇幅大，往往有计算误差，应认真核算，防止因计算误差而多计或少算。

6.2　竣 工 决 算

　　工程竣工决算是在整个建设项目或单项工程竣工验收点交后，以竣工结算资料为基础编制的，是反映整个建设项目或工程项目从筹建到工程全部竣工的建设费用文件。竣工决算由竣工财务决算说明书、竣工财务决算表、工程竣工图和工程竣工造价对比分析四部分组成。前两部分又称为建设项目竣工财务决算，是竣工决算的核心内容。

6.2.1　建设单位项目竣工决算的编制依据

　　编制建设单位项目竣工决算主要应依据如下内容。

(1)　建设工程计划任务书。

(2)　建设工程总概算书和单项工程综合概预算书。

(3)　建设工程项目竣工图及说明。

(4)　单项(单位)工程竣工结算文件。

(5)　设备购置费用结算文件。

(6)　工器具及生产用具购置费用结算文件。

(7)　工程建设其他费用的结算文件。

(8)　国家和地方主管部门颁发的有关建设工程竣工决算的文件。

(9)　招标、投标文件与相应的合同。

6.2.2　建设单位项目竣工决算的主要内容

　　建设单位项目竣工决算文件主要由文字说明和一系列报表组成。

1. 文字说明

　　文字说明主要包括以下内容：建设工程概况，建设工程概算和计划的执行情况，各项技术经济指标完成情况和各项拨款的使用情况，建设成本和投资效果分析以及建设中的主要经验，存在的问题和解决的建议。

2. 建设单位项目竣工决算的主要表格

　　根据建设项目的规模和竣工决算内容繁简的不同，表格的数量和形式也不相同。一般包括建设项目概况表、竣工工程财务决算表、交付使用资产总表、交付使用财产明细表。

1)　建设项目概况表

　　建设项目概况表主要综合反映大中型项目的基本概况，内容包括该项目总投资、建设起止时间、新增生产能力、主要材料消耗、建设成本、完成的主要工程量和技术经济指标，为全面考核和分析投资效果提供依据。

2) 竣工财务决算表

竣工财务决算表反映了大中型建设项目从开工到竣工为止的全部资金来源及其运用情况。其主要内容如下。

(1) 资金来源包括基建拨款、项目资本金、项目资本公积金、基建借款、上级拨入投资借款、企业债券资金、待冲基建支出、应付款和未交款以及上级拨入资金和企业留成收入等。

(2) 资金支出反映建设项目从开工准备到竣工全过程资金支出的情况，内容包括基建支出、应收生产单位投资借款、库存器材、货币资金、有价证券和预付及应收款，以及拨付所属投资借款和库存固定资产等。资金支出总额应等于资金来源总额。

(3) 基建结余资金可以按下列公式计算。

基建结余资金=基建拨款+项目资本+项目资本公积金+基建投资借款

+企业债券基金+待冲基建支出-基本建设支出-应收生产单位投资借款

在编制竣工财务决算表时，主要应注意下面几个问题。

① 资金来源中的资本金与资本公积金的区别。资本金是项目投资者按照规定，筹集并投入项目的非负债资金，竣工后形成该项目(企业)在工商行政管理部门登记的注册资金；资本公积金是指投资者对该项目实际投入的资金超过其应投入的资本金的差额，项目竣工后这部分资金形成项目(企业)的资本公积金。

② 项目资本金与借入资金的区别。如前所述，资本金是非负债资金，属于项目的自有资金；而借入资金，无论是基建借款、投资借款，还是发行债券等，都属于项目的负债资金。这是两者的根本性区别。

③ 资金占用中的交付使用资产与库存器材的区别。交付使用资产是指项目竣工后，交付使用的各项新增资产的价值；而库存器材是指没有用在项目建设过程中的、剩余的工器具及材料等，属于项目的节余，没有形成新增资产。

3) 交付使用资产总表

交付使用资产总表反映了建设项目建成后新增固定资产、流动资产、无形资产和其他资产情况。

4) 建设工程竣工图

建设工程竣工图是真实记录各种地上、地下建筑物、构筑物等情况的技术文件，是工程验收、维护、改建和扩建的依据，是国家重要的技术档案。

6.2.3 竣工决算报告

竣工决算报告情况说明书主要反映了竣工工程建设成果和经验，是对竣工决算报表进行分析和补充说明的文件，是全面考核、分析工程投资与造价的书面总结。其主要包括以下内容。

(1) 建设项目概况。

(2) 资金来源及运用等财务分析。

(3) 基本建设收入、投资包干结余、竣工结余资金的上缴分配情况。

(4) 各项经济技术指标的分析。

(5) 工程建设的经验及项目管理和财务管理工作，以及竣工财务决算中有待解决的问题。

6.3 案 例 分 析

6.3.1 案例1——工程款结算

某工程项目发、承包双方签订了建设工程施工合同，工期为 5 个月，有关背景资料如下。

1. 工程价款方面

(1) 分项工程项目费用合计 80 万元，包括分项工程 A、B、C 三项，清单工程量分别为 800m³、1000m³、1500m²，综合单价分别为 250 元/m³、300 元/m³、200 元/m²，当分项工程项目工程量增加(或减少)幅度超过 15%时，综合单价调整系数为 0.9(或 1.1)。

(2) 单价措施项目费用合计 9 万元，其中与分项工程 B 配套的单价措施项目费用为 40000 元，该费用根据分项工程 B 的工程量变化同比例变化，并在第 5 个月统一调整支付，其他单价措施项目费用不予调整。

(3) 总价措施项目费用合计 12 万元，其中安全文明施工费按分项工程和单价措施项目费用之和的 5%计取，该费用根据计取基数变化在第 5 个月统一调整支付，其余总价措施项目费用不予调整。

(4) 其他项目费用合计 19.5 万元，包括暂列金额 9 万元和需分包的专业工程暂估价 10 万元(另计总承包服务费 5%)。

(5) 上述工程费用均不包含增值税可抵扣进项税额。

(6) 管理费和利润按人材机费用之和的 20%计取，规费按人材机费、管理费、利润之和的 6%计取，增值税税率为 9%。

2. 工程款支付方面

(1) 开工前，发包人按签约合同价(扣除暂列金额和安全文明施工费)的 20%支付给承包人作为预付款(在施工期间的第 2～4 个月的工程款中平均扣回)，同时将安全文明施工费按工程款支付方式提前支付给承包人。

(2) 分项工程项目工程款逐月结算。

(3) 除安全文明施工费之外的措施项目工程款在施工期间的第 1～4 个月平均支付。

(4) 其他项目工程款在发生当月结算。

(5) 发包人按每次承包人应得工程款的 90% 支付。

(6) 发包人在承包人提交竣工结算报告后的 30 天内完成审查工作，承包人向发包人提供所在开户银行出具的工程质量保函(保函额为竣工结算价的 3%)，并完成结清支付。

表 6-1 为施工期间各月分项工程计划和实际完成工程量。

表 6-1　施工期间各月分项工程计划和实际完成工程量

分项工程		施工周期(月)					合　计
		1	2	3	4	5	
A	计划工程量(m³)	400	400				800
	实际工程量(m³)	300	300	200			800
B	计划工程量(m³)	300	400	300			1000
	实际工程量(m³)		400	400	400		1200
C	计划工程量(m²)			300	700	500	1500
	实际工程量(m²)			400	750	350	1500

【问题】

(1) 该工程签约合同价为多少元？安全文明施工费为多少元？开工前发包人应支付给承包人的预付款和安全文明施工费工程款分别为多少元？

(2) 施工至第 2 个月末承包人累计完成分项工程合同价款为多少元？发包人累计应支付承包人的工程款(不包括开工前支付的工程款)为多少元？

(3) 该工程的分项工程项目、措施项目分别增减多少元？

【答案】

(1) 签约合同价 $=(80+9+12+19.5) \times (1+6\%) \times (1+9\%) = 139.23$ (万元)

安全文明施工费工程款 $=(80+9) \times 5\% \times (1+6\%) \times (1+9\%) = 5.14$ (万元)

预付款 $=[139.23 - 9 \times (1+6\%) \times (1+9\%) - 5.14] \times 20\% = 24.74$ (万元)

应支付预付款 $=24.74 \times 90\% = 22.27$ (万元)

应支付的安全文明施工费 $=5.14 \times 90\% = 4.63$ (万元)

(2) 第 2 个月末累计完成分项工程合同价款：

$(600 \times 250 + 400 \times 300) \times (1+6\%) \times (1+9\%) = 138\,648 元 \approx 13.86 (万元)$

第 2 个月末发包人累计应支付的工程款：

$$13.86 \times 90\% + \frac{(9+12) \times (1+6\%) \times (1+9\%) - 5.14}{4} \times 2 \times 90\% - \frac{24.74}{3}$$

$=12.83 (万元)$

(3) 分项工程增加合同额。

$[150 \times 300 + 50 \times 300 \times 0.9] \times (1+6\%) \times (1+9\%) = 67\,590.9 元 \approx 6.76 (万元)$

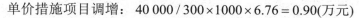

单价措施项目调增：$40\ 000/300\times1000\times6.76=0.90$(万元)

总价措施项目调增：$(6.76+0.9)\times5\%=0.383$(万元)

6.3.2　案例2——价款调整

1. 背景

某工程投标报价时采用价目表中的价格进行计算，然后对主要材料进行价差调整。投标人确定的 C20 的商品混凝土含税价格为 300 元，税率为 3%；人工工资单价为 200 元。

2. 问题

请调整 C20 混凝土的价差(已知该地区 C20 混凝土独立基础消耗量定额中单价为 2869.32 元/10m³)，并确定调整后的单价。

其中人材机消耗量及单价见表 6-2。

表 6-2　人材机消耗量及单价表

名　称		单　位	单价(元)(不含税)	数　量	实际单价(元)(不含税)
人工	综合用工二类	工日	60.00	6.150	200
材料	商品混凝土 C20	m³	240.00	10.302	—
	塑料薄膜	m²	0.80	13.040	0.80
	水	m³	5.00	1.100	5
机械	混凝土振捣器(插入式)	台班	15.47	0.770	15.47

3. 答案

价差计算见表 6-3。

表 6-3　人材机消耗量及价差表

名　称		单　位	单价(元)(不含税)	数　量	实际单价(元)(不含税)	价差(元)
人工	综合用工二类	工日	60.00	6.150	200	140
材料	商品混凝土 C20	m³	240.00	10.302	300/1.03=291.26	51.26
	塑料薄膜	m²	0.80	13.040	0.80	0
	水	m³	5.00	1.100	5.00	0
机械	混凝土振捣器(插入式)	台班	15.47	0.770	15.47	0

从表 6-3 可知，对人工和混凝土的单价进行了调增，调整后的单价为：

调整后混凝土独立基础单价=$2869.32+6.15\times140+10.302\times51.26=4258.40$(元/10m³)

6.3.3　案例3——关于索赔的结算

1. 背景

某建安工程施工合同总价为 6000 万元，合同工期为 6 个月，合同签订日期为 1 月初，从当年 2 月份开始施工。

(1) 合同规定了如下内容。

① 预付款按合同价的 20%，累计支付工程进度款达施工合同总价的 40%后的下月起至竣工各月平均扣回。

② 从每次工程款中扣留 10%作为预扣质量保证金，竣工结算时将其一半退还给承包商。

③ 工期每提前 1 天，奖励 1 万元；推迟 1 天，罚款 2 万元。

④ 合同规定，当人工或材料价格比签订合同时上涨 5%及以上时，按如下公式调整合同价格。

$$P = P_o \times (0.15A/A_o + 0.6B/B_o + 0.25)$$

其中，0.15 为人工费在合同总价中的比重，0.6 为材料费在合同总价中的比重。

人工或材料上涨幅度小于 5%者，不予调整，其他情况均不予调整。

⑤ 合同中规定，非承包商责任的人工窝工补偿费为 800 元/天，机械闲置补偿费为 600 元/天。

(2) 工程如期开工，该工程每月实际完成合同产值如表 6-4 所示，施工期间实际造价指数如表 6-5 所示。

表 6-4　每月实际完成合同产值　　　　　　　　　单位：万元

月份	2	3	4	5	6	7
完成合同产值	1000	1200	1200	1200	800	600

表 6-5　施工期间实际造价指数

月份	1	2	3	4	5	6	7
人工	110	110	110	115	115	120	110
材料	130	135	135	135	140	130	130

(3) 施工过程中，某一关键工作面上发生了几种原因造成的临时停工。

① 5 月 10 日—5 月 16 日承包商的施工设备出现了从未出现过的故障。

② 应于 5 月 14 日交给承包商的后续图纸直到 6 月 1 日才交给承包商。

③ 5 月 28 日—6 月 3 日施工现场下了该季节罕见的特大暴雨，造成了 6 月 1 日—6 月 5 日该地区的供电全面中断。

④ 为了赶工期，施工单位采取赶工措施，赶工措施费为 5 万元。

(4) 实际工期比合同工期提前 10 天完成。

2. 问题

(1) 该工程预付款为多少？预付款起扣点是多少？从哪月开始起扣？

(2) 施工单位的可索赔工期是多少？可索赔费用是多少？

(3) 每月实际应支付工程款为多少？

(4) 工期提前奖为多少？竣工结算时尚应支付承包商多少万元？

3. 答案

(1) 工程预付款起扣点的计算如下。

① 该工程预付款为：6000×20%=1200(万元)

② 起扣点为：6000×40%=2400(万元)

(2) 各事件索赔如下。

① 5 月 10 日—5 月 16 日出现的设备故障，属于承包商应承担的风险，不能索赔。

② 5 月 17 日—5 月 31 日是由于业主迟交图纸引起的，为业主应承担的风险，工期索赔为 15 天，费用索赔额=15×800+600×15=2.1(万元)。

③ 6 月 1 日—6 月 3 日的特大暴雨属于双方共同风险，工期索赔为 3 天，但不应考虑费用索赔。

④ 6 月 4 日—6 月 5 日的停电属于有经验的承包商无法预见的自然条件，为业主应承担风险，工期可索赔 2 天，费用索赔额=(800+600)×2=0.28(万元)。

⑤ 赶工措施费不能索赔。

综上所述，可索赔工期为 20 天，可索赔费用为 2.38 万元。

(3) 2 月份：完成合同价 1000 万元，预扣质量保证金为 1000×10%=100(万元)，支付工程款为 1000×90%=900(万元)。

累计支付工程款 900 万元，累计预扣质量保证金 100 万元。

3 月份：完成合同价 1200 万元。预扣质量保证金为 1200×10%=120(万元)，支付工程款为 1200×90%=1080(万元)，累计支付工程款为 900+1080=1980(万元)，累计预扣质量保证金为 100+120=220(万元)。

4 月份：完成合同价 1200 万元。

预扣质量保证金为 1200×10%=120(万元)，支付工程款为 1200×90%=1080(万元)，累计支付工程款为 1980+1080=3060(万元)>2400(万元)，下月开始每月扣 1200/3=400(万元)预付款，累计预扣质量保证金为 220+120=340(万元)。

5 月份：完成合同价 1200 万元。

材料价格上涨：(140-130)/130×100%=7.69%>5%，应调整价款。

调整后价款：1200 ×(0.15+0.16×140/130 +0.25)=1255(万元)

索赔款 2.1 万元，预扣质量保证金：(1255+2.1)×10%=125.71(万元)

支付工程款：(1255+2.1)×90%-400=731.39(万元)

累计支付工程款：3060+731.39=3791.39(万元)

累计预扣质量保证金：340+125.71=465.71(万元)

6 月份：完成合同价 800 万元。

人工价格上涨：(120-110)/110×100%=9.09%>5%，应调整价款。

调整后价款：800×(0.15×120/110+0.6+0.25)=810.91(万元)

索赔款 0.28 万元，预扣质量保证金：(810.91+0.28)×10%=81.119(万元)

支付工程款：(810.91+0.28)×90%-400=690.071(万元)

累计支付工程款：3791.39+690.071=4481.461(万元)

累计预扣质量保证金：465.71+81.119=546.829(万元)

7 月份：完成合同价 600 万元。

预扣质量保证金：600×10%=60(万元)

支付工程款：600×90%-400=140(万元)

累计支付工程款：4481.461+140=4621.461(万元)

累计预扣质量保证金：546.829+60=606.829(万元)

(4) 工期提前奖：(10+20)×10000=30(万元)

退还预扣质量保证金：606.829÷2=303.415(万元)

竣工结算时尚应支付承包商：30+303.415=333.415(万元)

练 习 题

练习题一

背景

某建筑工程合同价款为 580 万元，其中，分部分项工程量清单费为 490 万元，措施项目清单费为 60 万元，其他项目清单费为 12 万元，规费为 6 万元，税金为 12 万元。查地区工程造价管理部门发布的该工程年度以分部分项工程清单费为基础的竣工调价系数为 1.05。

问题

求调价后的竣工工程价款。

练习题二

背景

某工程项目，甲、乙双方签订关于工程价款的合同内容如下。

(1) 建筑安装工程造价 600 万元，主要材料费占施工产值的比例为 60%。

(2) 预付备料款为建筑安装工程造价的 2%。

(3) 工程进度款逐月计算。

(4) 工程保险金为建筑安装工程造价的 5%，保修期半年。

(5) 材料价差调整按规定进行(按规定上半年材料价差上调 10%，在 6 月份一次调增)。

工程各月实际完成产值如表 6-6 所示。

表 6-6　某工程各月实际完成产值　　　　　　　单位：万元

月份	2	3	4	5	6
完成产值	60	110	160	220	110

问题

(1) 该工程的预付备料款、起扣点为多少？

(2) 该工程 1—5 月，每月拨付工程款为多少？累计工程款为多少？

(3) 6 月份办理工程竣工结算，该工程结算总造价为多少？甲方应付工程尾款为多少？

练习题三

背景

某工程项目施工合同价为 560 万元，合同工期为 6 个月，施工合同中规定了以下内容。

(1) 开工前业主向施工单位支付合同价 20%的预付款。

(2) 业主自第一个月起，从施工单位的应得工程款中按 10%的比例扣留保留金，保留金限额暂定为合同价的 3%。

(3) 预付款在最后两个月扣除，每月扣 50%。

(4) 工程进度款按月结算，不考虑调价。

(5) 业主供料价款在发生当月的工程款中扣留。

(6) 若施工单位每月实际完成产值不足计划产值的 90%，业主可按实际完成产值的 8%的比例扣留工程进度款，在工程竣工结算时将扣留的工程进度款退还施工单位。

工程各月计划与实际完成产值如表 6-7 所示。

表 6-7　工程各月计划与实际完成产值　　　　　　　单位：万元

时间(月)	1	2	3	4	5	6
计算完成产值	70	90	110	110	100	80
实际完成产值	70	80	120	120	90	80
业主供料价款	8	12	15	10	12	10

问题

(1) 该工程的工程预付款是多少万元？应扣留的保留金为多少万元？

(2) 工程师各个月应签证的工程款是多少？实际签发的付款凭证金额是多少？

附录　案例分析模拟试题

案例分析模拟试题一

【案例一】

【背景】

某建设项目，经投资估算确定的工程费用与工程建设其他费用合计为 2000 万元，项目建设期为 2 年，每年各完成投资计划 50%。基本预备费为 5%，年均投资价格上涨率为 10%。

【问题】

该项目建设期的涨价预备费为多少？

【答案】

基本预备费=2000×5%=100(万元)

静态投资=2000+100=2100(万元)

建设期第一年完成投资=2100×50%=1050(万元)

若项目建设准备期为 1 年，则计算过程如下。

第一年涨价预备费为：$PF_1=I_1[(1+f)(1+f)0.5-1] =161.385$(万元)

第二年完成投资=2100×50%=1050(万元)

第二年涨价预备费为：$PF_2=I_2[(1+f)(1+f)0.5(1+f)-1]=282.555$(万元)

所以，建设期的涨价预备费为：$PF=161.385+282.555=443.94$(万元)

【案例二】

【背景】

某综合楼工程建设项目，合同价为 4500 万元，工期为 3 年。建设单位通过招标选择了某施工单位进行该项目的施工。在正式签订工程施工承包合同前，承包人(施工单位)递交了一份称按照《示范文本》拟订的合同文本，供双方再斟酌。其中包括如下条款。

(1) 合同文件的组成与解释顺序依次如下。

① 合同协议书。

② 招标文件。

③ 投标书及其附件。

④ 中标通知书。

⑤ 施工合同通用条款。

⑥ 施工合同专用条款。

⑦ 图纸。

⑧ 工程量清单。

⑨ 标准、规范与有关技术文件。

⑩ 工程报价单或预算书。

⑪ 合同履行工程的洽商、变更等书面协议或文件。

(2) 承包人必须按工程师批准的进度计划组织施工，接受工程师对进度的检查、监督。工程实际进度与计划进度不符时，承包人应按工程师的要求提出改进措施，经工程师确认后执行。承包人有权就改进措施提出追加合同价款。

(3) 工程师应对承包人提交的施工组织设计进行审批或提出修改意见。

(4) 发包人向承包人提供施工场地的工程地质和地下主要管网线路资料，供承包人参考使用。

(5) 承包人不能将工程转包，但允许分包，也允许分包单位将分包的工程再次分包给其他施工单位。

(6) 无论工程师是否进行验收，当其要求对已经隐蔽的工程进行重新检验时，承包人应按要求进行剥离或开孔，并在检查后重新覆盖或修复。检验合格，发包人承担由此发生的全部追加合同价款，赔偿承包人损失，并相应顺延工期；检验不合格，承包人承担发生的全部费用，工期予以顺延。

(7) 承包人按协议条款约定的时间应向工程师提交实际完成工程量的报告。工程师接到报告3天内按承包人提供的实际完成的工程量报告核实工程量(计量)，并在计量24小时前通知承包人。

(8) 工程未经竣工验收或竣工验收未通过的，发包人不得使用。发包人强行使用时，发生的质量问题及其他问题，由发包人承担责任。

(9) 因不可抗力事件导致的费用及延误的工期由双方共同承担。

【问题】

请逐条指出上述合同条款中不妥之处，并提出如何改正。

【答案】

(1) 此条排序不对。招标文件不属于合同文件，"合同履行工程的洽商、变更等书面协议或文件"应看成是合同协议书的组成部分，排第一位。应改为："……，①合同协议书(包含合同履行工程的洽商、变更等书面协议或文件);②中标通知书;③投标书及其附件;④施工合同专用条款;⑤施工合同通用条款;⑥标准、规范与有关技术文件;⑦图纸;⑧工程量清单;⑨工程报价单或预算书。"

(2) "……,承包人有权就改进措施提出追加合同价款"不妥。应改为:"……,因承包人的原因导致实际进度与计划进度不符,承包人无权就改进措施提出追加合同价款。"

(3) 此条不妥。工程师对施工组织设计是确认或提出修改意见,不是"审批",因为按惯例只要不违反国家的强制性条文或规定,承包人可以按照他认为是最佳的方式组织施工。应改为:"承包人应按约定日期将施工组织设计提交给工程师,工程师按约定时间予以确认或提出修改意见,逾期不确认也不提出书面意见的,则视为同意。"

(4) "……,供承包人参考使用"不妥。应改为:"……,对资料的真实准确性负责。"

(5) "……,也允许分包单位将分包的工程再次分包给其他施工单位"不妥。应改为:"……,不允许分包单位将分包的工程再次分包给其他施工单位。"

(6) "检验不合格,……,工期予以顺延"不妥。应改为:"检验不合格,……,工期不予顺延。"

(7) "工程师接到报告 3 天内按承包人提供的实际完成的工程量报告核实工程量(计量),并在计量 24 小时前通知承包人"不妥。根据《建设工程价款结算管理办法》的规定,应改为:"工程师接到报告后 14 天内按设计图纸核实已完工程量(计量),并在计量前 24 小时通知承包人。"

(8) 此条不妥。工程未经竣工验收或竣工验收未通过的,发包人强行使用时,不能免除承包人应承担的保修责任。应改为"……,发包人强行使用时,由此发生的质量问题及其他问题,由发包人承担责任;但是,不能免除承包人应承担的保修责任。"

(9) 此条不妥,应改为:"因不可抗力事件导致的费用及延误的工期由双方按以下方法分别承担:①工程本身的损害、因工程损害导致第三方人员伤亡和财产损失以及运至施工场地用于施工的材料和待安装的设备的损害,由发包人承担;②承发包双方人员的伤亡损失,分别由各自承担;③承包人机械设备损坏及停工损失,由承包人承担;④停工期间,承包人应工程师要求留在施工场地的必要的管理人员及保卫人员的费用由发包人承担;⑤工程所需清理、修复费用,由发包人承担;⑥延误的工期相应顺延。"

【案例三】

【背景】

(1) 某工程楼面如附图 1 所示。梁纵向钢筋通长布置,8m 长一个搭接,搭接 1.2la,1la 为 40 天。梁箍筋弯钩长度每边 10 天。梁混凝土保护层 25mm。

(2) 该工程分部分项工程量清单项目综合单价的费率为:管理费率 12%,利润率 7% (管理费、利润均以人工费、材料费、机械费之和为基数计取)。

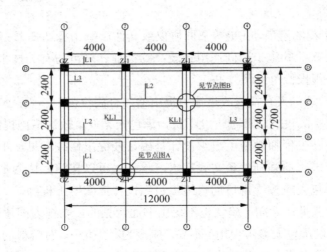

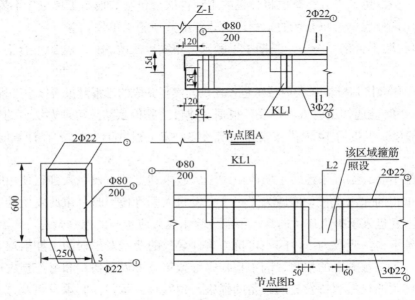

附图 1　结构布置图

【问题】

(1) 计算 KL₁ 梁钢筋的重量，并将相关内容填入附表 1 的相应栏目中。

附表 1　钢筋计算表

构件名称	钢筋编号	简图	直径	计算长度(m)	合计根数	合计重量	计算式

钢筋质量表	直径(mm)	$\phi 8$	$\phi 12$	$\phi 16$	$\phi 12$	$\phi 14$	$\phi 16$	$\phi 18$	$\phi 20$	$\phi 22$
	每米质量(kg)	0.395	0.888	1.580	0.888	1.210	1.580	2.000	2.470	2.980

注：表中"计算式"仅表达每根钢筋长度的计算式、KL₁ 梁箍筋数量及每个箍筋长度的计算式。箍筋个数取整数。

(2) 依据《建设工程工程量清单计价规范》,将项目编码、综合单价、合价及综合单价计算过程填入附表2的相应栏目中。(注:计算结果均保留两位小数)

附表2 分部分项工程量清单计价表

序号	项目编码	项目名称	计量单位	工程数量	工料单价(元)	金额(元)		综合单价计算过程
						综合单价(元)	合价(元)	
		C20 有梁式带形基础,C10 垫层		3	(294.58)			
		C20 无梁式带形基础,C10 垫层		5.76	(274.15)			
		C20 构造柱		3.2	(244.69)			工料单价×(1+12%+7%)
		C20 平板厚度 100mm		5.45	(213.00)			
		现浇梁钢筋ϕ22		12	(3055.12)			
		现浇梁钢筋ϕ8		2	(2986.19)			
分项工程项目统一编码			带形基础 01041001　　矩形柱 010402001　　平板 010405003　　现浇混凝土钢筋 010416001					

【答案】

(1) 钢筋计算表的答案如附表3所示。

附表3 钢筋计算表答案

构件名称	钢筋编号	简图	直径	计算长度(m)	合计根数	合计重量	计算式
KL$_1$	①②	⌐‾⌐	ϕ22	7.86	10	234.23	L=(7.2−0.24)+0.24+2×15×0.022 或 L=7.2+2×15×0.022
	③	▭	ϕ8	1.66	72	47.21	(0.2+0.55)×2+2×10×0.008 g=(7.2−0.24−0.05×2)÷0.2+1

钢筋质量表	直径(mm)	ϕ8	ϕ12	ϕ16	ϕ12	ϕ14	ϕ16	ϕ18	ϕ20	ϕ22
	每米质量(kg)	0.395	0.888	1.580	0.888	1.210	1.580	2.000	2.470	2.980

注:表中"计算式"仅表达每根钢筋长度的计算式、KL$_1$梁箍筋数量及每个箍筋长度的计算式。箍筋个数取整数。

(2) 分部分项工程量清单计价答案表如附表4所示。

附表4 分部分项工程量清单计价表答案

序号	项目编码	项目名称	计量单位	工程数量	工料单价(元)	金额(元)		综合单价计算过程
						综合单价(元)	合价(元)	
1	010401001001	C20 有梁式带形基础,C10 垫层	m^3	3	294.58	350.55	1051.65	
2	010401001002	C20 无梁式带形基础,C10 垫层	m^3	5.76	274.15	326.24	1879.14	
3	010402001001	C20 构造柱	m^3	3.2	244.69	291.19	931.78	工料单价×(1+12%+7%)
4	010405003001	C20 平板厚度 100mm	m^3	5.45	213.00	253.47	1381.41	
5	010416001001	现浇梁钢筋ϕ22	t	12	3055.12	3635.59	43627.08	
6	010416001002	现浇板钢筋ϕ8	t	2	2986.19	3553.57	7107.14	
分项工程项目统一编码			带形基础 010401001　　矩形柱 010402001　　平板 010405003　　现浇混凝土钢筋 010416001					

【案例四】

【背景】

某工程合同工期21天,工程公司项目经理部技术人员拟定的初始网络进度计划如附图2所示。在公司协调会上,设备供应部门提出,工作F、J使用的同种机械只能租赁到1台,因此,这两项工作只能按先后顺序施工。

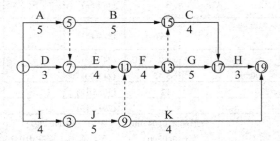

附图2　网络进度计划

【问题】

(1) 从工期控制的角度出发,工作F、J哪一项先施工较合理?说明理由并进行进度计划调整,绘制调整的网络计划。调整后的关键工作有哪些?工期为多少天?

(2) 经上述调整后的合理计划被批准为正式进度计划。但在开工后,由于工作I的时间延误,使工作J的开始作业时间推迟3天。工作J每推迟1天开工费用损失500元,总工期每拖延一天罚款700元。受上述事件的影响,该工程的总工期将为多少天?综合费用增加多少元?

(3) 在发生问题(2)所述情况后,若通过压缩工作的持续时间来调整进度计划,从经济的角度考虑,应压缩哪些工作的持续时间?每项工作分别压缩多少天?总工期为多少天?相应增加的综合费用为多少元?各项工作可压缩时间及压缩每1天需增加的费用如附表5所示。

附表5　网络调整相关数据表

工作名称	可压缩时间(天)	每压缩1天增加费用(元/天)
K	2	350
G	2	400
H	1	750
C	2	200

【答案】

(1) 从工期控制的角度,先施工工作J,后施工工作F较合理。

因为其施工工期(21天)短于先施工工作F,后施工工作J的工期(22天)。

调整后的网络计划如附图 3 所示。

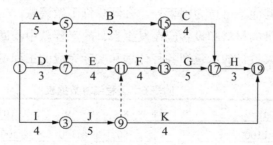

附图 3 施工网络进度计划图

关键工作有 A、E、I、J、F、G、H，工期为 21 天。

(2) 工期和费用计算如下。

① 工期将为 24 天。

② 推迟开工费用损失：3 天×500 元/天=1500 元

总工期拖延罚款：3 天×700 元/天=2100 元

合计：1500+2100=3600(元)

(3) 持续时间压缩后的工期和费用。

① 对每压缩 1 天关键线路持续时间，增加费用不大于工期每拖延 1 天罚款的工作进行压缩，应压缩工作 G 2 天，工作 C 1 天。工期压缩至 22 天。

② 工作 G、C 增加费用：400×2+200=1000(元)

总工期拖延罚款：1 天×700 元/天=700 元

合计：1000+700=1700(元)

案例分析模拟试题二

【案例一】

【背景】

某业主与承包商签订了某项目施工总承包合同。承包范围包括土建工程和水、电、通风、设备的安装工程，合同总价为 3000 万元。工期 1 年。承包合同规定了以下内容。

(1) 业主应向承包商支付当年合同价 25%的工程预付款。

(2) 工程预付款应从未施工工程尚需的主要材料及构配件价值相当于工程预付款时起扣，每月以抵充工程款的方式陆续收回。主要材料及构配件费比重按 60%考虑。

(3) 工程质量保修金为承包合同总价的 5%，经双方协商，业主从每月承包商的工程款中按 5%的比例扣留。在保修期满后，保修金及保修金利息扣除已支出费用后的剩余部分退还给承包商。

(4) 除设计变更和其他不可抗力因素外,合同总价不做调整。

(5) 由业主直接提供的材料和设备应在发生当月的工程款中扣回。

经业主的工程师代表签认的承包商各月计划和实际完成的工程量如附表6所示。

附表6　工程结算数据表　　　　　　　　　　　单位:万元

月份	1—6	7	8	9	10	11	12
计划完成建安工程量	1100	350	350	350	300	300	250
实际完成建安工程量	1100	300	370	380	310	290	250
业主提供的材料价值	100	50	40	15	30	20	10

【问题】

(1) 工程预付款的计算有哪些规定?

(2) 该工程的预付款是多少?

(3) 工程预付款从几月开始起扣?

(4) 1—6 月以及其他各月工程师代表应签证的工程款是多少?应签发的付款凭证金额是多少?

【答案】

(1) 有关工程预付款的计算规定如下。

工程预付款的具体事宜由发、承包双方根据建设行政主管部门的规定,结合工程款、建设工期和包工包料情况在合同中约定。《示范文本》规定:"实行工程预付款的,双方应在专用条款约定发包人向承包人预付工程款的时间和数额,开工后,按约定时间和比例逐次扣回。预付时间不迟于约定时的开工日期前 7 天。发包人不按约定预付,承包人在约定预付时间 7 天后向发包人发出要求预付通知,发包人收到通知后仍不按要求预付,承包人可在发出通知后 7 天停工,发包人应从约定应付之日起向承包人支付应付款的贷款利息,并承担违约责任。"

(2) 该工程预付款为

$3000 \times 25\% = 750$ (万元)

(3) 工程预付款的起扣点为

$3000 - 750 \div 60\% = 3000 - 1250 = 1750$ (万元)

开始起扣点时间为 8 月份,因为 8 月份累计实际完成的建安工作量为

$1100 + 300 + 370 = 1770$ (万元) > 1750 (万元)

(4) 1—6 月及其他各月工程师代表应签证的工程款数额及应签发付款凭证如下。

① 1—6 月份应签证的工程款为

$1100 \times (1 - 5\%) = 1045$ (万元)

1—6 月份应签发的工程款为: $1045 - 100 = 945$ (万元)

② 7月份

应签证的工程款为：$300 \times (1 - 5\%) = 285$ (万元)

应签发的工程款为：$285 - 50 = 235$ (万元)

③ 8月份

应签证的工程款为：$370 \times (1 - 5\%) = 351.5$ (万元)

应扣的预付款为：$(1770 - 1750) \times 60\% = 12$ (万元)

应签发的工程款为：$351.5 - 12 - 40 = 299.5$ (万元)

④ 9月份

应签证的工程款为：$380 \times (1 - 5\%) = 361$ (万元)

应扣除的预付款为：$380 \times 60\% = 228$ (万元)

应签发的工程款为：$361 - 228 - 15 = 118$ (万元)

⑤ 10月份

应签证的工程款为：$310 \times (1 - 5\%) = 294.5$ (万元)

应扣除的预付款为：$310 \times 60\% = 186$ (万元)

应签发的工程款为：$294.5 - 186 - 30 = 78.5$ (万元)

⑥ 11月份

应签证的工程款为：$290 \times (1 - 5\%) = 275.5$ (万元)

应扣除的预付款为：$290 \times 60\% = 174$ (万元)

应签发的工程款为：$275.5 - 174 - 20 = 81.5$ (万元)

⑦ 12月份

应签证的工程款为：$250 \times (1 - 5\%) = 237.5$ (万元)

应扣除的预付款为：$250 \times 60\% = 150$ (万元)

应签发的工程款为：$237.5 - 150 - 10 = 77.5$ (万元)

【案例二】

【背景】

某大型工程，由于技术难度大，对施工单位的施工设备和同类工程施工经验要求高，而且对工期的要求也比较紧迫。业主在对有关单位和在建工程考察的基础上，邀请了三家国有一级施工企业参加投标，并预先与咨询单位和这三家施工单位共同研究确定了施工方案。

【问题】

(1) 《招标投标法》中规定的招标方式有哪几种？

(2) 该工程采用的邀请招标方式且仅有三家施工单位投标，是否违反有关规定？为什么？

【答案】

(1) 《招标投标法》中规定的招标方式有公开招标和邀请招标两种。

(2) 不违反有关规定。因为根据有关规定，对于技术复杂的工程，允许采用邀请招标方式，邀请参加投标的单位不得少于三家。

【案例三】

【背景】

某施工单位根据领取的某 2000m² 的两层厂房工程项目招标文件和全套施工图纸，采用低报价策略编制了投标文件，并获取中标。该施工单位于 2008 年 3 月 10 日与建设单位签订了该工程项目的固定价格合同，合同期为 8 个月。工程招标文件参考资料中提供的使用砂地点距离工地 4km。但是开工后，检查该砂质量不合格，承包商只得从另一距离工地 20km 的供砂点采购。由于供砂距离增大，必然引起费用增加，承包商经计算后，在业主指令下达的第三天，向业主提交了将原砂单价每吨提高 5 元人民币的要求。工程进行了一个月后，业主因资金紧张，无法如期支付工程款，口头要求承包商暂停施工一个月。承包商口头答应。恢复施工后不久，在一个关键工作面上又发生了几种原因造成临时停工：5 月 20 日—5 月 24 日承包商的施工设备出现从未有过的故障；6 月 8 日—6 月 12 日施工现场下了罕见的特大暴雨，造成了 6 月 13 日—6 月 14 日该地区的供电全面中断。针对上述两次停工，承包商向业主提出了工期顺延 42 天。

【问题】

(1) 该工程采用固定价格合同是否合适？

(2) 该合同的变更形式是否妥当？

(3) 承包商的索赔要求成立的条件是什么？

(4) 上述事件中承包商提出的索赔要求是否合理？说明原因。

【答案】

(1) 固定价格合同适用于工程量不大且能较准确计算、工期较短、技术不太复杂、风险不大的项目。该工程基本符合这些条件，故采用固定价格合同是合适的。

(2) 该合同变更形式不妥。根据《合同法》和《示范文本》的有关规定，建设工程合同应采取书面形式，合同变更亦应采取书面形式。若在应急情况下，可采取口头形式，但事后应予以书面形式确认。否则，在合同双方对合同变更内容有争议时，往往因口头形式很难举证，而不得不以书面协议约定的内容为准。本案例中业主要求临时停工，承包商亦答应，是双方的口头协议，且事后并未以书面形式确认，所以该合同变更形式不妥。

(3) 承包商的索赔要求成立必须同时具备如下四个条件。

① 与合同相比较，已造成实际的额外费用或工期损失。

② 造成费用增加或工期损失的原因不属于承包商的责任。

③ 造成的费用增加或工期损失不是应由承包商承担的风险。

④ 承包商在事件发生后的规定时间内提交了索赔的书面意向通知和索赔报告。

(4) 因砂场地点变化提出的索赔要求不合理，原因如下。

① 承包商应对自己就招标文件的解释负责。

② 承包商应对自己报价的正确性与完善性负责。

③ 作为一个有经验的承包商，可以通过现场勘察确认招标文件参考资料中提供的砂质量是否合格，若承包商没有通过现场勘察发现用砂的质量，其相关风险应由承包商负责。

因几种情况的暂时停工提出的工期索赔不合理，可以批准的工期延长为 7 天。

① 5 月 20 日—5 月 24 日出现的设备故障，属于承包商应承担的风险，不应考虑承包商延长工期和费用的索赔要求。

② 6 月 8 日—6 月 12 日的特大暴雨属于双方共同承担的风险，应延长工期 5 天。

③ 6 月 13 日—6 月 14 日的停电属于有经验的承包商无法预见的自然条件的变化，为业主应承担的风险，应延长工期 2 天。

因业主资金紧缺要求停工 1 个月，而提出的工期索赔是合理的。原因是：业主未能及时支付工程款，应对停工承担责任，故应当赔偿承包商停工 1 个月的实际经济损失，工期顺延 1 个月。

综上所述，承包商可以提出的工期索赔共计 37 天。

【案例四】

【背景】

某大型工程项目由政府投资建设，业主委托某招标代理公司代理施工招标。招标代理公司确定该项目采用公开招标方式招标，招标公告在当地政府规定的招标信息网上发布。招标文件中规定：投标担保可采用投标保证金或投标保函方式担保。评标方法采用经评审的最低投标价法。投标有效期为 60 天。

业主对招标代理公司提出以下要求：为了避免潜在的投标人过多，项目招标公告只在本市日报上发布，且采用邀请招标方式招标。项目施工招标信息发布以后，共有 12 家潜在的投标人报名参加投标。业主认为报名参加投标的人数太多，为减少评标工作量，要求招标代理公司仅对报名的潜在投标人的资质条件、业绩进行资格审查。开标后发现如下情况。

(1) A 投标人的投标报价为 8000 万元，为最低投标价，经评审后推荐其为中标候选人。

(2) B 投标人在开标后又提交了一份补充说明，提出可以降价 5%。

(3) C 投标人提交的银行投标保函有效期为 70 天。

(4) D 投标人投标文件的投标函盖有企业及企业法定代表人的印章，但没有加盖项目负责人的印章。

(5) E 投标人与其他投标人组成了联合体投标,附有各方资质证书,但没有联合体共同投标协议书。

(6) F 投标人的投标报价最高,故 F 投标人在开标后第二天撤回了其投标文件。

经过投标书评审,A 投标人被确定为中标候选人。发出中标通知后,招标人和 A 投标人进行合同谈判,希望 A 投标人能再压缩工期、降低费用。经谈判后双方达成一致:不压缩工期,降价 3%。

【问题】

(1) 业主对招标代理公司提出的要求是否正确?说明理由。

(2) 分析 A、B、C、D、E 投标人的投标文件是否有效,说明理由。

(3) F 投标人的投标文件是否有效?对其撤回投标文件的行为应如何处理?

(4) 该项目施工合同应该如何签订?合同价格应是多少?

【答案】

(1) 业主对招标代理公司提出的各项要求正确与否如下。

① "业主提出招标公告只在本市日报上发布"不正确。

理由:公开招标项目的招标公告,必须在指定媒介发布,任何单位和个人不得非法限制招标公告的发布地点和发布范围。

② "业主要求采用邀请招标"不正确。

理由:因该工程项目由政府投资建设,相关法规规定:"全部使用国有资金投资或者国有资金投资占控股或者主导地位的项目",应当采用公开招标方式招标。如果采用邀请招标方式招标,应由有关部门批准。

③ "业主提出的仅对潜在投标人的资质条件、业绩进行资格审查"不正确。

理由:资质审查的内容还应包括:①信誉;②技术;③拟投入人员;④拟投入机械;⑤财务状况等。

(2) 各投标文件的有效性如下。

① A 投标人的投标文件有效。

② B 投标人的投标文件(或原投标文件)有效,但补充说明无效,因开标后投标人不能变更(或更改)投标文件的实质性内容。

③ C 投标人的投标文件无效。因投标保函的有效期应超过投标有效期 30 天(或 28 天)(或在投标有效期满后的 30 天(或 28 天)内继续有效)。

④ D 投标人的投标文件有效。

⑤ E 投标人的投标文件无效。因为组成联合体投标的,投标文件应附联合体各方共同投标协议。

(3) F 投标人的投标文件有效。

招标人可以没收其投标保证金,给招标人造成损失超过投标保证金的,招标人可以要求其赔偿。

(4) 合同签订如下。

① 该项目应自中标通知书发出后 30 日内按招标文件和 A 投标人的投标文件签订书面合同，双方不得再签订背离合同实质性内容的其他协议。

② 合同价格应为 8000 万元。

【案例五】

【背景】

某拟建工业项目建设投资 3000 万元，建设期 2 年，生产运营期 8 年。其他有关资料和基础数据如下。

① 建设投资预计全部形成固定资产，固定资产使用年限为 8 年，残值率为 5%，采用直线法折旧。

② 建设投资来源为资本金和贷款，其中贷款本金为 1800 万元，贷款年利率为 6%，按年计息。贷款在 2 年内均衡投入。

③ 在生产运营期前 4 年按照等额还本付息方式偿还贷款。

④ 生产运营期第 1 年由资本金投入 300 万元，作为生产运营期间的流动资金。

⑤ 项目生产运营期正常年份不含税营业收入为 1500 万元，经营成本为 680 万元，其中含可抵扣进项税额 75 万元。生产运营期第 1 年营业收入、经营成本及进项税额均为正常年份的 80%，第 2 年起各年营业收入和经营成本均达到正常年份水平。

⑥ 项目所得税税率为 25%，增值税税率为 9%，增值税附加税率为 10%。

【问题】

① 列式计算项目的年折旧额。

② 列式计算项目生产运营期第 1 年、第 2 年应偿还的本息额。

③ 列式计算项目生产运营期第 1 年、第 2 年的总成本费用(含税)。

④ 判断项目生产运营期第 1 年末项目还款资金能否满足约定的还款方式，并通过列式计算说明理由。

【答案】

① 建设期第 1 年贷款利息为

$900×6\%×1/2=27$(万元)

建设期第 2 年贷款利息为

$(900+27)×6\%+900×6\%×1/2=82.62$(万元)

建设期贷款利息为

$27+82.62=109.62$(万元)

项目固定资产投资为

3000+109.62=3109.62(万元)

项目的年折旧额为

3109.62×(1-15%)/8=369.27(万元)

② 项目生产运营期第1年年初累计的贷款本息额为

1800+109.62=1909.62(万元)

根据资金回收公式，生产运营期第1年、第2年应偿还的本息额为

$$A = P \times \frac{i(1+i)^n}{(1+i)^n - 1} = 1909.62 \times \frac{6\% \times (1+6\%)^4}{(1+6\%)^4 - 1} = 551.10(万元)$$

③ 生产运营期第1年偿还的利息为

1909.62×6%=114.58(万元)

第1年的总成本费用(含税)为

680×80%+369.27+114.58=1027.85(万元)

生产运营期第2年偿还的利息为

[1909.62-(551.10-114.58)]×6%=88.39(万元)

第2年的总成本费用为

680+369.27+88.39=1137.66(万元)

④ 项目生产运营期第1年的增值税及附加为

(1500×9%×80%-75×80%)×(1+10%)=52.8(万元)

项目生产运营期第1年税后利润

[1500×80%×(1+9%)-1027.85-52.8]×(1-25%)=170.51(万元)

可用于偿还贷款本金的资金额为

税后利润+折旧=170.51+369.27=539.78(万元)

第1年需要偿还的贷款本金为：551.10-114.58=436.52(万元)

因为539.78万元>436.52万元，所以满足还款要求。

【案例六】

【背景】

某企业拟参加工程项目投标，拟定甲、乙、丙三个施工组织方案(如附图4所示，图中直线上数据为各月所得工程款)。三个方案的中标概率分别为0.75、0.65、0.35。若投标不中会损失10万元。中标后若能按原工期完工可获得全部工程款，若延误将被罚款60万元。根据企业的实际能力，三个方案正常完工的概率分别为0.9、0.8、0.7。

【问题】

设银行利率为1%，用决策树的方法并以承包商所获得工程款的现值为标准选择投标

方案。

月份 方案	1	2	3	4	5	6	7	8	9	10	11	12
甲	100	100	100	100	80	80	80	80	80	120	120	120
乙	100	100	100	100/100	100	100	100	100	120	120	120	
丙	100	100	100	100	90	90	90	90/150	90/150	150		

附图 4　各方案所得工程款

【答案】决策树的绘制如附图 5 所示。

(1) 工程款现值。

① 甲。

按期完成：

$100\times(P/A,1\%,4)+80\times(P/A,1\%,5)\times(P/F,1\%,4)+120\times(P/A,1\%,3)\times(P/F,1\%,9)=1085.87$(万元)

延期完成：

$1085.87-60\times(P/F,1\%,12)=1033.25$(万元)

② 乙。

按期完成：

$100\times(P/A,1\%,4)+100\times(P/A,1\%,5)\times(P/F,1\%,3)+120\times(P/A,1\%,3)\times(P/F,1\%,8)=1187.17$(万元)

延期完成：

$1187.17-60\times(P/F,1\%,11)=1133.41$(万元)

③ 丙。

按期完成：

$100\times(P/A,1\%,4)+90\times(P/A,1\%,5)\times(P/F,1\%,4)+150\times(P/A,1\%,3)\times(P/F,1\%,7)=1221.53$(万元)

延期完成：

$1221.53-60\times(P/F,1\%,10)=1167.23$(万元)

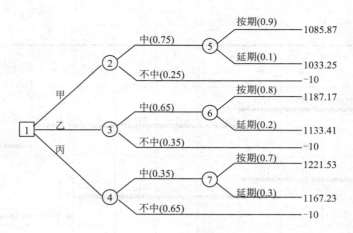

附图 5　决策树

(2)　各节点的收益。

5 节点：1085.87×0.9+1033.25×0.1=1080.61(万元)

6 节点：1187.17×0.8+1133.41×0.2=1176.42(万元)

7 节点：1221.53×0.7+1167.23×0.3=1205.24(万元)

2 节点：1080.61×0.75−10×0.25=807.96(万元)

3 节点：1176.42×0.65−10×0.35=761.17(万元)

4 节点：1205.24×0.35−10×0.65=415.33(万元)

所以选择甲方案。

【案例七】

【背景】

某工程项目，建设单位通过招标选择了一家具有相应资质的造价事务所承担施工招标代理和施工阶段造价控制工作，并在中标通知书发出后第 45 天，与该事务所签订了委托合同。之后双方又另行签订了一份酬金比中标价降低 10%的协议。

在施工公开招标中，有 A、B、C、D、E、F、G、H 等施工单位报名投标，经事务所资格预审均符合要求，但建设单位以 A 施工单位是外地企业为由不同意其参加投标，而事务所坚持认为 A 施工单位有资格参加投标。

评标委员会由 5 人组成，其中当地建设行政管理部门的招投标管理办公室主任 1 人、建设单位代表 1 人、政府提供的专家库中抽取的技术经济专家 3 人。

评标时发现，B 施工单位投标报价明显低于其他投标单位报价且未能合理说明理由；D 施工单位投标报价大写金额小于小写金额；F 施工单位投标文件提供的检验标准和方法不符合招标文件的要求；H 施工单位投标文件中某分项工程的报价有个别漏项；其他施工单位的投标文件均符合招标文件要求。

建设单位最终确定 G 施工单位中标，并按照《示范文本》与该施工单位签订了施工合同。

工程按期进入安装调试阶段后，由于雷电引发了一场火灾。火灾结束后 48 小时内，G 施工单位向项目监理机构通报了火灾损失情况：工程本身损失 150 万元；总价值 100 万元的待安装设备彻底报废；G 施工单位人员烧伤所需医疗费及补偿费预计 15 万元，租赁的施工设备损坏赔偿 10 万元；其他单位临时停放在现场的一辆价值 25 万元的汽车被烧毁。另外，大火扑灭过程中 G 施工单位停工 5 天，造成其他施工机械闲置损失 2 万元以及按照工程师指示留在现场的管理保卫人员费用支出 1 万元，并预计工程所需清理、修复费用 200 万元。损失情况经项目造价工程师审核属实。

【问题】

(1) 指出建设单位在造价事务所招标和委托合同签订过程中的不妥之处，并说明理由。

(2) 在施工招标资格预审中，造价事务所认为 A 施工单位有资格参加投标是否正确？说明理由。

(3) 指出施工招标评标委员会组成的不妥之处，说明理由，并写出正确做法。

(4) 判别 B、D、F、H 四家施工单位的投标是否为有效标，说明理由。

(5) 安装调试阶段发生的这场火灾是否属于不可抗力？指出建设单位和 G 施工单位应各自承担哪些损失或费用(不考虑保险因素)。

【答案】

(1) 在中标通知书发出后第 45 天签订委托合同不妥，依照《招标投标法》，应于 30 天内签订合同。

在签订委托合同后双方又另行签订了一份酬金比中标价降低 10%的协议不妥。依照《招标投标法》，招标人和中标人不得再行订立背离合同实质性内容的其他协议。

(2) 造价事务所认为 A 施工单位有资格参加投标是正确的。以所处地区作为确定投标资格的依据是一种歧视性的依据，这是《招标投标法》明确禁止的。

(3) 评标委员会组成不妥，不应包括当地建设行政管理部门的招投标管理办公室主任。正确组成应为：评标委员会由招标人或其委托的招标代理机构熟悉相关业务的代表以及有关技术、经济等方面的专家组成，成员人数为 5 人以上单数，其中，技术、经济等方面的专家不得少于成员总数的 2/3。

(4) B、F 两家施工单位的投标不是有效标。B 单位的情况可以认定为低于成本；F 单位的情况可以认定为是明显不符合技术规格和技术标准的要求，属重大偏差。D、H 两家单位的投标是有效标，它们的情况不属于重大偏差。

(5) 安装调试阶段发生的火灾属于不可抗力。

建设单位应承担的费用包括工程本身损失 150 万元，其他单位临时停放在现场的汽车损失 25 万元，待安装的设备的损失 100 万元，工程所需清理、修复费用 200 万元，大火扑灭过程中 G 施工单位停工 5 天，以及必要的管理保卫人员费用支出 1 万元。

施工单位应承担的费用包括 G 施工单位人员烧伤所需医疗费及补偿费，预计 15 万元，租赁的施工设备损坏赔偿 10 万元，造成其他施工机械闲置损失 2 万元。

案例分析模拟试题三

【案例一】

【背景】

某单位对商厦提出以下两个方案。

方案甲：对原商厦进行改建。该方案预计投资 6000 万元，改建后可使用 10 年。使用期间每年需维护费 300 万元，运营 10 年后报废，残值为 0。

方案乙：拆除原商厦并新建。该方案预计投资 30 000 万元，建成后可使用 60 年。使用期间每年需维护费 500 万元，每 20 年需进行一次大修，每次大修费用为 1500 万元，运营 60 年后报废，残值 800 万元。基准收益率为 6%。(资金等值换算系数如附表 7 所示)

附表 7　资金等值换算系数表

n	3	10	20	40	60	63
$(P/F, 6\%, n)$	0.8396	0.5584	0.3118	0.0972	0.0303	0.0255
$(A/P, 6\%, n)$	0.3741	0.1359	0.0872	0.0665	0.0619	0.0616

【问题】

(1) 如果不考虑两方案建设期的差异，计算两个方案的年费用。

(2) 若方案甲、方案乙的年系统效率分别为 2000 万元、4500 万元，以年费用作为寿命周期成本，计算两方案的费用效率指标，并选择最优方案。

(3) 如果考虑按方案乙，该商厦需 3 年建成，建设投资分三次在每年年末投入，试重新对方案甲、方案乙进行评价和选择。

【答案】

(1) 方案甲年费用=300+6000×(A/P, 6%, 10)=300+6000×0.1359=1115.40(万元)

方案乙年费用=500+30 000×(A/P, 6%, 60)+1500×(P/F, 6%, 20)×(A/P, 6%, 60)+1500×(P/F, 6%, 40)×(A/P, 6%, 60)−800×(P/F, 6%, 60)×(A/P, 6%, 60)=500+30 000×0.0619+1500×0.3118×0.0619+1500×0.0972×0.0619−800×0.0303×0.0619=2393.48(万元)

(2) 方案甲的费用效率=2000/1115.40=1.79

方案乙的费用效率=4500/2393.48=1.88

由于方案乙的费用效率高于方案甲，因此应选择方案乙。

(3) 方案乙的年费用={[2393.48−30 000×(A/P, 6%, 60)]×(P/A, 6%, 60)×(P/F, 6%, 3)

$$+(30\ 000/3)×(P/A, 6\%, 3)\}×(A/P, 6\%, 63)$$

$$={[2393.48−30\ 000×0.0619]×1/0.0619×0.8396+[(30\ 000/3)×1/0.3741]}$$

$$×0.0616$$

$$=2094.86(万元)$$

方案乙的费用效率=4500×(*P/A*, 6%, 60) ×(*P/F*, 6%, 3)×(*A/P*, 6%, 63)/2094.86

　　　　　　　　=4500×1/0.0619×0.8396×0.0616/2094.86

　　　　　　　　=1.78

由于方案甲的费用效率高于方案乙,因此应选择方案甲。

【案例二】

【背景】

某建设工程项目,建设单位委托某监理公司负责施工阶段。目前正在施工,在工程施工中发生如下事件。

监理工程师在施工准备阶段组织了施工图纸的会审,施工过程中发现由于施工图的错误,造成承包商停工 2 天,承包商提出工期费用索赔报告。业主代表认为监理工程师对图纸会审监理不力,提出要扣监理费 1000 元。

【问题】

(1) 监理工程师承担什么责任?

(2) 设计院承担什么责任?

(3) 承包商承担什么责任?

(4) 业主承担什么责任?

(5) 业主扣监理费对吗?

【答案】

(1) 监理工程师不承担责任,监理工程师履行了图纸会审的职责,图纸的错误不是监理工程师造成的。监理工程师对施工图纸的会审,不免除设计院对施工图纸的质量责任。

(2) 设计院应当承担设计图纸的质量责任。

(3) 承包商没有责任,是业主的原因。

(4) 业主应当承担补偿承包商工期费用的责任。

(5) 业主扣监理费不对,监理工程师对图纸的质量没有责任。

【案例三】

【背景】

已知某高层综合办公楼建筑工程分部分项费用为 20 800 万元,其中人工费约占分部分项工程造价的 15%,措施项目费以分部分项工程费为计费基础,其中安全文明施工费费率为 1.5%,其他措施费费率为 1%。其他项目费合计 500 万元(不含增值税进项税额),规费为分部分项工程费中人工费的 40%,增值税税率为 9%。

【问题】

计算该建筑工程的工程造价。

【答案】

① 分部分项费用=20 800(万元)

② 措施项目费用=20 800×(1.5%+1%)=520(万元)

③ 其他项目费用=500(万元)

④ 规费=20 800×15%×40%=1248(万元)

⑤ 增值税：

(20 800+520+500+1248)×9%=2076.12(万元)

工程造价：

20 800+520+500+1248+2076.12=25 144.12(万元)

【案例四】

【背景】

某工程项目，采用工程量清单方式公开招标。经资格预审后有 A、B、C、D、E 共五家施工企业。各投标人按技术标、商务标分别装订报送投标文件。评标委员会由七人组成，采用综合评估法。评标指标与评分规则如下。

1. 评标指标及其权重

(1) 技术标为 40 分，其中：项目经理部人员配备 10 分，施工工艺与方法 14 分，进度计划与现场布置 10 分，保证措施与管理体系 6 分。

(2) 商务标为 50 分，其中：总报价 20 分，分部分项工程综合单价 10 分，措施项目费用 6 分，其他项目费用 4 分，主要材料报价 5 分，商务标完整性和数据准确性 5 分。

(3) 项目经理和技术负责人答辩为 10 分。

2. 评分规则

1) 技术标

各投标人技术标(评分规则略)得分如附表 8 所示。

2) 商务标

(1) 总报价，以各有效投标总报价平均值下浮 3 个百分点为基准价，总报价等于基准价得 20 分；报价比基准价每高 1 个百分点扣 2 分，每低 1 个百分点扣 1 分。

(2) 分部分项工程综合单价，在各有效投标文件的分部分项工程量清单报价中按合价从大到小抽取五项(每项权重 2 分)，分别计算每项平均综合单价，报价在平均综合单价95%～102%范围内得 2 分，报价在平均综合单价 95%～102%范围以外，每高(低)1 个百分点扣0.5 分。

附表8　技术标得分汇总表

投标人 \ 指标及权重 / 得分	项目经理部人员配备(10)	施工工艺与方法(14)	进度计划与现场布置(10)	保证措施与管理体系(6)	小计(40)
A	9	12	10	6	37
B	9	13	9	6	37
C	10	11	9	5	35
D	8	11	8	5	32
E	10	10	9	5	34

(3) 措施项目费用，必要的措施项目每漏 1 项扣 0.5 分；报价在有效投标文件报价平均值的 90%~105% 范围内得 6 分，报价在平均值的 90%~105% 范围以外，每高(低)1 个百分点扣 0.5 分。

(4) 其他项目费用，报价在有效投标文件报价平均值的 95%~100% 范围内得 4 分，报价在平均值的 95%~100% 范围以外，每高(低)1 个百分点扣 0.5 分。

(5) 主要材料报价，在各有效投标文件的主要材料报价中按合价从大到小抽取 5 项(每项权重 1 分)，分别计算每项主要材料单价的报价，报价在平均综合单价 90%~105% 范围内得 1 分，报价在平均综合单价 90%~105% 范围以外，每高(低)1 个百分点扣 0.2 分。

(6) 商务标完整性和数据准确性，每发现 1 处非较大错误扣 1~2 分，每发现 1 处较大错误扣 2~3 分，对存在严重错误的标书按出现重大偏差处理。

上述每项指标扣分，最多扣至该指标得 0 分止。

经评标委员会认定五份投标均有效，各投标人商务标指标情况如附表 9 和附表 10 所示。

附表9　总报价、措施和其他项目费用汇总表

指标项目 \ 投标人	A	B	C	D	E
总报价(万元)	30 793.37	26 989.75	32 200.09	27 521.62	28 314.27
措施项目费用(万元)	2787.62	1822.08	1839.87	2000.88	2087.50
其他项目费用(万元)	257.65	267.25	271.80	222.98	232.76
措施项目缺项和商务标完整性、准确性扣分	措施项目缺项扣 1 分	0	措施项目缺项扣 0.5 分，准确性不完整扣 2 分	准确性不完整扣 0.5 分	0

附表10 主要分部分项工程综合单价、材料价格报价汇总表

指标项目	投标人	A	B	C	D	E
分部分项综合单价	钻孔灌注桩C30混凝土(m³/元)	849.02	807.27	1016.50	792.63	735.22
	满堂基础C30(m³/元)	336.5	316.80	345.95	360.01	361.34
	异型梁C30混凝土(m³/元)	335.78	355.3	367.42	365.17	386.45
	现浇混凝土钢筋ϕ10(t/元)	3849.17	3924.75	4598.88	3663.73	3768.64
	钢架制作安装(t/元)	6578.84	6291.89	7234.09	6449.03	6752.97
主要材料价格	钢筋ϕ10(t/元)	3350	3200	3800	3070	3100
	钢筋ϕ16~25(t/元)	3150	3200	3800	2950	2900
	商品混凝土C30(m³/元)	300	265	280	250	245
	商品混凝土C40(m³/元)	320	325	330	298	310
	商品混凝土C50(m³/元)	350	385	390	360	360

3) 项目经理和技术负责人答辩

项目经理和技术负责人答辩,附表11为各投标人答辩得分汇总表。评分方法为去掉一个最高分和一个最低分后的算术平均数。

附表11 项目经理和技术负责人答辩得分汇总表

投标人	评委 一	二	三	四	五	六	七
A	9.5	10.0	8.5	9.0	8.0	7.5	8.0
B	9.5	8.5	9.0	8.5	8.0	9.0	8.5
C	9.0	9.0	8.5	9.0	8.5	7.5	8.0
D	8.5	8.5	9.0	7.5	8.0	9.0	8.5
E	8.0	10.0	8.5	9.0	9.0	8.5	8.0

【问题】

(1) 试对各投标人商务标进行评分。

(2) 试对各投标人答辩进行评分。

(3) 按综合得分从高到低确定三名中标候选人。

【答案】

(1) 各投标人商务标评分。

① 各投标人总报价得分计算如附表12所示。

附表 12　各投标人总报价得分计算表

指标项目　投标人	A	B	C	D	E	备　注
(万元)	30 793.37	26 989.75	32 200.09	27 521.62	28 314.27	总报价权重 20 分，平均总报价 29 163.82 万元，基准价 28 288.91 万元
总报价/平均报价(%)	105.58	92.55	110.41	94.37	97.09	
扣分	17.16	4.45	26.82	2.63	0.18	
得分	2.84	15.55	0	17.37	19.82	

②　各投标人措施项目费用报价计算如附表 13 所示。

附表 13　各投标人措施项目报价表

评标项目　投标人	A	B	C	D	E	备　注
措施项目费用(万元)	2787.62	1822.08	1839.87	2000.88	2087.50	措施费用权重 20 分，平均总报价 29 163.82 万元，满分范围 1896.31 万元～2212.97 万元
报价/平均报价(%)	132.27	86.45	87.30	94.94	99.05	
扣分	13.64	1.78	1.35	0	0	
得分	0	4.22	4.65	6	6	

③　其他项目报价得分计算如附表 14 所示。

附表 14　其他项目报价表

评标项目　投标人	A	B	C	D	E	备　注
其他项目费用(万元)	257.65	267.25	271.80	222.98	232.76	其他项目费用权重 20 分，平均报价 250.49 万元，满分范围 237.97 万元～250.49 万元
报价/平均报价(%)	102.86	106.69	108.51	89.02	92.92	
扣分	1.43	3.35	4.26	2.99	1.04	
得分	2.57	0.65	0	1.01	2.96	

④　综合单价报价计算如附表 15 所示。

附表 15　综合单价报价表

投标人 指标项目	A	B	C	D	E	平均报价
钻孔灌注桩 C30 混凝土(m³/元)	849.02	807.27	1016.50	792.63	735.22	840.13
报价/平均报价(%)	101.06	96.09	120.99	94.35	87.51	
扣分/得分	0/2	0/2	9.5/0	0.33/1.67	3.75/0	
满堂基础 C30(m³/元)	336.5	316.80	345.95	360.01	361.34	344.12
报价/平均报价(%)	97.79	92.06	100.53	104.62	105.00	
扣分/得分	0/2	1.47/0.53	0/2	1.31/0.69	1.5/0.5	
异型梁 C30 混凝土(m³/元)	335.78	355.3	367.42	365.17	386.45	362.02
报价/平均报价(%)	92.75	98.14	101.49	100.87	106.75	
扣分/得分	1.13/0.87	0/2	0/2	0/2	2.38/0	362.02
现浇混凝土钢筋ϕ10(t/元)	3849.17	3924.75	4598.88	3663.73	3768.64	3960.95
报价/平均报价(%)	97.18	99.08	116.11	92.5	95.14	
扣分/得分	0/2	0/2	7.06/0	1.25/0.75	0/2	
钢架制作安装(t/元)	6578.84	6291.89	7234.09	6449.03	6752.97	6661.54
报价/平均报价(%)	98.76	94.45	108.59	96.82	101.37	
扣分/得分	0/2	0.28/1.72	3.3/0	0/2	0/2	
得分小计	8.87	8.25	4.00	7.11	4.50	

⑤　主要材料报价计算如附表 16 所示。

附表 16　主要材料报价计算表

投标人 指标项目	A	B	C	D	E	平均报价
钢筋ϕ10(t/元)	3350	3200	3800	3070	3100	3314
报价/平均报价(%)	101.09	98.07	114.67	92.64	93.54	
扣分/得分	0/1	0/1	1.93/0	0/1	0/1	
钢筋ϕ16ϕ25(t/元)	3150	3200	3800	2950	2900	3200
报价/平均报价(%)	98.44	100	118.75	92.19	90.63	
扣分/得分	0/1	0/1	2.75/0	0/1	0/1	
商品混凝土 C30(m³/元)	300	265	280	250	245	268
报价/平均报价(%)	111.94	98.88	104.48	93.28	91.42	
扣分/得分	1.39/0	0/1	0/1	0/1	0/1	

续表

指标项目＼投标人	A	B	C	D	E	平均报价
商品混凝土 C40(m³/元)	320	325	330	298	310	
报价/平均报价(%)	101.07	102.65	104.23	94.13	97.92	316.6
扣分/得分	0/1	0/1	0/1	0/1	0/1	
商品混凝土 C50(m³/元)	350	385	390	360	360	
报价/平均报价(%)	94.85	104.34	105.69	97.56	97.56	369
扣分/得分	0/1	0/1	0.14/0.86	0/1	0/1	
得分小计	4.00	5.00	2.86	5.00	5.00	

⑥　商务标得分汇总表如附表 17 所示。

附表 17　商务标得分汇总表

评标项目＼投标人	A	B	C	D	E	备注
总报价	2.84	15.55	0	17.37	19.82	
分部分项工程综合单价	8.87	8.25	4.00	7.11	4.50	
措施项目报价得分	0	4.22	4.65	6	6	
其他项目报价得分	2.57	0.65	0	1.01	2.96	
主要材料报价得分	4.00	5.00	2.86	5.00	5.00	
措施项目缺项和商务标完整性及准确性扣分	1	0	2.5	0.5	0	
得分合计	17.28	33.67	9.01	35.99	38.28	

(2)　投标人答辩得分计算如附表 18 所示。

附表 18　投标人答辩计算表

指标项目＼投标人	A	B	C	D	E
最高分/最低分	10.0/7.5	9.5/8.0	9.0/7.5	9.0/7.5	10.0/8.0
得分	8.6	8.7	8.6	8.5	8.6

(3)　投标人技术标、商务标和答辩得分汇总表如附表 19 所示。

附表 19　投标人得分汇总表

指标项目＼投标人	A	B	C	D	E
技术标得分	37	37	35	32	34
商务标得分	17.28	33.67	9.01	35.99	38.28

工程造价案例分析(第3版)

续表

指标项目＼投标人	A	B	C	D	E
答辩得分	8.6	8.7	8.6	8.5	8.6
得分总计	62.88	79.37	52.61	76.49	80.88

中标候选人排名如附表 20 所示。

附表 20　中标候选人排名

排　序	中标候选人	综合得分	备　注
第一名	E	80.88	
第二名	B	79.37	
第三名	D	76.49	

【案例五】

【背景】

某房地产开发公司对某一块地拟订两种开发方案。

A 方案：一次性开发多层住宅 45000m²，需投入总成本费用 9000 万元，开发时间 18 个月。

B 方案：将地块分两期开发，一期开发高层住宅 36000m²，需投入总成本费用 8100 万元，开发时间 15 个月。如果一期销路好，则二期继续开发高层住宅 36000m²，投入总成本费用 8100 万元；如果一期销路差，或者暂停开发，或者开发多层住宅 22000m²，投入总成本费用 4600 万元，开发时间 15 个月。

两方案销路好和销路差时的售价和销量情况如附表 21 所示。根据经验，多层住宅销路好的概率为 0.7，高层住宅销路好的概率为 0.6，暂停开发每季损失 10 万元，季利率 2%。(资金等值系数换算如附表 22 所示)

附表 21　售价和销量表

开发方案			建筑面积 (万 m²)	销路好		销路差	
				售价 (元/m²)	销售率 (%)	售价 (元/m²)	销售率 (%)
A 方案	多层住宅		4.5	4800	100	4300	80
B 方案	一期	高层住宅	3.6	5500	100	5000	70
	二期	一期销路好　高层住宅	3.6	5500	100		
		一期销路差　多层住宅	2.2	4800	100	4300	80
		停建					

附表22　资金等值系数换算表

n	4	5	6	12	15	18
(P/A,2%,n)	3.808	4.713	5.601	10.575	12.849	14.992
(P/F,2%,n)	0.924	0.906	0.888	0.788	0.743	0.700

【问题】

(1) 两方案销路好和销路差时季平均销售收入各为多少万元？(假定销售收入在开发时间内均摊)

(2) 用决策树作出决策，应采用哪个方案？(计算结果保留两位小数)

【答案】

(1) A方案开发多层住宅

销路好：4.5×4800×100%/6=3600(万元)

销路差：4.5×4300×80%/6=2580(万元)

B方案一期

开发高层住宅

销路好：3.6×5500×100%/5=3960(万元)

销路差：3.6×5000×70%/5=2520(万元)

B方案二期

开发高层住宅

3.6×5500×100%/5=3960(万元)

开发多层住宅

销路好：2.2×4800×100%/5=2112(万元)

销路差：2.2×4300×80%/5=1513.6(万元)

(2) 决策树计算如附图6所示。

机会点①

净现值的期望值：(3600×0.7+2580×0.3)×(P/A,2%,6)-9000

$$=(3600×0.7+2580×0.3)×5.601-9000$$

$$=9449.69(万元)$$

等额年金：9449.69×(A/P,2%,6)=9449.69×1/5.601

$$=1687.14(万元)$$

机会点③

净现值的期望值：3960×(P/A,2%,5)×1.0-8100=3960×4.713×1.0-8100

$$=10563.48(万元)$$

等额年金：10563.48×(A/P,2%,5)=10563.48×1/4.713=2241.35(万元)

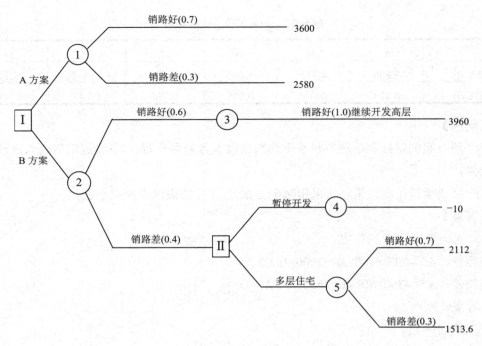

附图6 决策树

机会点④

净现值的期望值：$-10×(P/A,2\%,5)=-10×4.713=-47.13$(万元)

等额年金：$-47.13×(A/P,2\%,5)=-47.13×1/4.713=-10.00$(万元)

机会点⑤

净现值的期望值：$(2112×0.7+1513.6×0.3)×(P/A,2\%,5)-4600$

$\qquad =(2112×0.7+1513.6×0.3)×4.713-4600$

$\qquad =4507.78$(万元)

等额年金：$4507.78×(A/P,2\%,5)=4507.78×1/4.713$

$\qquad =956.46$(万元)

根据计算结果判断，B方案在一期开发高层住宅销路差的情况下，二期应改为开发多层住宅。

机会点②

净现值的期望值：$[10563.48×(P/F,2\%,5)+3960×(P/A,2\%,5)]×0.6+$

$\qquad [4507.78×(P/F,2\%,5)+2520×(P/A,2\%,5)]×0.4-8100$

$\qquad =(10563.48×0.906+3960×4.713)×0.6+(4507.78×0.906+2520×$

$\qquad 4.713)×0.4-8100$

$\qquad =16940.40+6384.32-8100=15224.72$(万元)

等额年金：$15224.72×(A/P,2\%,10)=15224.72×1/8.917=1707.38$(万元)

根据计算结果，应采用 B 方案，即一期先开发高层住宅，在销路好的情况下，二期继续开发高层住宅，在销路差的情况下，二期改为开发多层住宅。

【案例六】

【背景】

某建设单位的土建工程项目，前期准备工作已完成，决定采用公开招标。在整个招标过程中主要工作程序如下。

(1) 向建设部门提出招标申请。

(2) 编制招标文件。

(3) 对施工单位进行资格预审并将资格预审文件与招标文件送审。

(4) 发布招标邀请书。

(5) 对投标者进行资格预审，并将结果通知各申请投标者。

(6) 向合格投标者发送招标文件。

(7) 召开招标预备会。

(8) 招标文件的编制与递交。

(9) 组织开标、评标、定标并签订工程合同。

在投标过程中出现了以下事件：招标人将整个项目分解为若干小项目，对部分小项目不进行公开招标；招标人在投标预备会议以后，对其中两家投标单位代表提出由于目前资金暂时未到位，如投标单位可垫付一定比例的资金可优先考虑中标的可能；在评标后招标方对选定的中标人情况不满意，提出资格预审以外的两个单位作为中标人，其中一个单位由于提出对招标单位的资金可以较大比例垫付而被选为中标人，招标单位只向该单位发出了中标通知书；中标单位在签订承包合同后将已中标部分项目中的主体工程和关键性工作分包给另外三个外地单位施工；由于此中标单位向招标单位提交了垫付资金，故没有向招标人提交履约保证金。

【问题】

(1) 拟订的招标程序存在什么问题？

(2) 投标过程中出现的若干事件哪些是正确的？哪些是错误的？

(3) 常见的废标类型有哪些？

【答案】

(1) 拟订的招标程序存在的问题如下。

① 在提出招标申请之前，须根据立项审批文件向建设行政主管部门报建备案并接受招标管理机构对招标资质的审查。

② 在资格预审文件、招标文件送审之后应进行工程标底价格的编制(除非该工程采用无标底招标)。

③ 发布招标邀请书应改为刊登资格预审通告、招标公告。

④　在召开招标预备会之前应组织投标单位勘察施工现场。

(2)　招标人将项目细化对部分项目不公开招标是错误的。在投标预备会以后与投标单位谈判不符合《招标投标法》的有关规定。招标单位不仅要向中标人发出中标通知书，还要对其他投标单位发出未中标通知书；招标人在经过评审的单位以外确定中标人是不正确的。中标单位在签订承包合同后将主体工程分包违反有关规定。中标单位垫付资金不得替代履约保证金。

(3)　常见废标的类型如下。

①　在评标过程中，一旦发现投标人以他人名义投标、串通投标、以行贿手段谋取中标或以其他弄虚作假方式投标的，该投标人的投标应作为废标处理。

②　投标人的报价明显低于其他投标报价或者在设有标底时明显低于标底，投标人不能合理说明或者不能提供相关证明材料证明其投标报价不低于其成本的。

③　投标人不具备资格条件或者投标文件不符合形式要求。

④　投标文件未能在实质上响应招标文件提出的所有实质性要求和条件的。

【案例七】

【背景】

某建设单位(甲)与某建筑公司(乙)订立了某工程项目施工合同，同时与某专业公司订立了桩基础合同，甲、乙双方合同规定：采用单价合同，每一分项工程的实际工程量增加(或减少)超过招标文件中工程量的15%以上时调整单价；工作B、E、G作业使用的施工机械甲一台，台班费为600.00元/台班，其中台班折旧费为360.00元/台班；工作F、H作业使用的施工机械乙一台，台班费为400.00元/台班，其中台班折旧费为240.00元/台班。施工网络计划如附图7所示(单位：天)，图中箭线上方字母为工作名称，箭线下方数据为持续时间，双箭线为关键线路。假定除工作F按最迟开始时间安排作业外，其余各项工作均按最早开始时间安排作业。

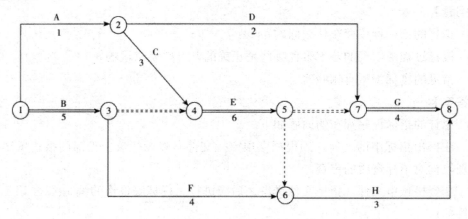

附图7

甲、乙双方合同约定 8 月 15 日开工。工程施工过程中发生如下事件。

事件 1：由于桩基方案错误，致使工作 D 推迟 2 天，乙方人员配合用工 5 个工日，窝工 6 个工日。

事件 2：8 月 23 日至 8 月 24 日，因供电中断停工 2 天，造成全场人员窝工 36 工日。

事件 3：因设计变更工作 E 工程量由招标文件中的 300m³ 增至 350m³，超过了 15%；合同中该工作的全费用单价为 110.00 元/m³，经协商超出部分的全费用单价为 100.00 元/m³。

事件 4：为保证施工质量，乙方在施工中将工作 B 原设计尺寸扩大，增加工程量 15 m³，该工作全费用单价为 128.00 元/m³。

事件 5：在工作 D、E 均完成后，甲方指令增加一项临时工作 K，且应在工作 G 开始前完成。经核准，完成 K 工作需要 1 天时间，消耗人工 10 工日、机械台班(500.00 元/台班)、材料费 2200.00 元。

【问题】

(1) 如果乙方就工程施工中发生的五项事件提出索赔要求，试问工期和费用索赔能否成立？说明其原因。

(2) 每项事件工期索赔各是多少天？总工期索赔多少天？

(3) 工作 E 结算价应为多少？

(4) 假设人工工日单价为 80.00 元/工日，合同规定：窝工人工费补偿按 45.00 元/工日计算；窝工机械费补偿按台班折旧费计算，因增加用工所需综合税费为人工费的 60%；工作 K 的综合税费为人工、材料、机械费用 28%；人工和机械窝工补偿综合税费(包括部分管理费、规费和税金)为人工、材料、机械费用的 16%。试计算除事件 3 外合理的费用索赔总额。

【答案】

(1) 事件 1：工期索赔不成立，费用索赔成立，因为桩基工程由甲方另行发包，是甲方应承担的风险，费用损失应由甲方承担，但是延误的时间(2 天)没有超过工作的总时差(8 天)，不影响工期。

事件 2：工期和费用索赔成立，因为供电中断是甲方应承担的风险，延误的时间(2 天)将导致工期延长。

事件 3：工期和费用索赔成立，因为设计变更是甲方的责任，由设计变更引起的工程量增加将导致费用增加和工作 E 作业时间的延长，且工作 E 为关键工作。

事件 4：工期和费用索赔不成立，因为保证施工质量的技术措施费应已包括在合同价中。

事件 5：工期和费用索赔成立，因为由甲方指令增加工作引起的费用增加和工期延长，是甲方的责任。

(2) 事件 2：工期索赔 2 天。

事件 3：工期索赔(350−300)/(300/6)= 1(天)。

事件 5：工期索赔 1 天。

总计工期索赔：4 天。

(3) 按原单价结算的工程量：

$300 \times (1+15\%) = 345(m^3)$

按新单价结算的工程量：

$350 - 345 = 5(m^3)$

总结算价 = $345 \times 110.00 + 5 \times 100.00 = 38450.00$ (元)

(4) 事件 1：$6 \times 45.00 \times (1+16\%) + 5 \times 80.00 \times (1+60\%) = 953.0$(元)

事件 2：$(36 \times 45.00 + 2 \times 360.00 + 2 \times 240.00) \times (1+16\%) = 3271.20$(元)

事件 5：$(10 \times 80.00 + 1 \times 500.00 + 2200.00) \times (1+28\%) + 1 \times 360.00 \times (1+16\%) = 4897.60$(元)

费用索赔合计：$953.20 + 3271.20 + 4897.60 = 9122.00$ (元)

参 考 文 献

[1] 李启明. 建设工程合同管理[M]. 3 版. 北京：中国建筑工业出版社，2018.

[2] 刘伊生. 建设工程项目管理理论与实务[M]. 2 版. 北京：中国建筑工业出版社，2018.

[3] 严玲，尹贻林. 工程计价学[M]. 3 版. 北京：机械工业出版社，2017.

[4] 岳鹏威. 建筑工程计量与计价[M]. 北京：清华大学出版社，2019.

[5] 全国造价工程师职业资格考试培训教材编审委员会. 建设工程造价案例分析[M]. 北京：中国城市出版社，2019.

[6] 二级造价工程师职业资格考试培训教材编审委员会. 建设工程造价管理基础知识[M]. 北京：中国建材工业出版社，2019.

[7] 王宇静，杨帆. 建设工程招投标与合同管理[M]. 北京：清华大学出版社，2018.

[8] 夏清东. 工程造价控制[M]. 北京：清华大学出版社，2018.